U0363267

安化黑茶：

一部在水与火之间沸腾的中国故事

洪漠如　著

华中科技大学出版社
http://www.hustp.com
中国·武汉

图书在版编目（CIP）数据

安化黑茶：一部在水与火之间沸腾的中国故事 / 洪漠如著 . —— 武汉：华中科技大学出版社，
2019.10

ISBN 978-7-5680-5790-5

Ⅰ . ①安… Ⅱ . ①洪… Ⅲ . ①茶叶—介绍—安化县Ⅳ . ① TS272.5

中国版本图书馆 CIP 数据核字 (2019) 第 219664 号

安化黑茶：一部在水与火之间沸腾的中国故事

Anhua Heicha · Yibu Zai Shuiyuhuo Zhijian Feiteng De Zhongguo Gushi　　　　　　洪漠如　著

策划编辑：杨　静

责任编辑：孙　念

装帧设计：璞　间　　虞浩江

责任校对：刘　竣

责任监印：朱　玢

出版发行：华中科技大学出版社（中国·武汉）　　　电话：（027）81321913

　　　　　武汉市东湖新技术开发区华工科技园　　　邮编：430223

印　　刷：中华商务联合印刷（广东）有限公司

开　　本：710mm×1000mm　1/16

印　　张：14.5

字　　数：179 千字

版　　次：2019 年 10 月第 1 版第 1 次印刷

定　　价：69.00 元

· 前 言

　　我们习惯了叙述过去，却忽略了每天正在发生的事情也终将成为历史。我们和身边的所有人，都是历史的参与者。所以，回顾茶文化的历史，其实是重新去会晤那些已经被时光掩埋的、情绪饱满的人。他们是传说中的英雄，是干练的政治家，是卓越的军事家，是不畏艰险的商人，是希冀过好一个个小日子的普通老百姓。他们站在不同的角度，带着不同的目的将视线汇集在茶上。正因为有他们的参与，所以茶是传说、是理想、是事业，也是生活。

　　中国茶，为我们历史性地开拓了辽阔的地理空间。茶文化融入中华文明里，具有足够的精神容量。史前英雄、政治家、军事家、商人以及老百姓，经历朝历代的知识分子一润色，在垂直领域里，汇聚形成了一个精神饱满、内容深厚的文化走廊。这个走廊四通八达，连接着中国古典社会里各民族同胞及各阶层人民的生活面貌。近些年有不少学者时常在正式或非正式场合喊出"茶和天下"的口号，这其实就是对中国茶抽象概括以后最为直观的阐述，也是对茶文化最为精准的表达。

　　我计划沿着"茶和天下"所指引的方向，走进那些现实里的茶叶传统产销区。从现存的历史线索里，还原一个又一个公共品牌的产业截面，连接历史和现实，碰撞出能够面对未来的思想火花。

安化黑茶，将是我要还原的第一个产业截面。

从某种意义上来讲，安化黑茶的内核十分强大。它的品牌产区平台仅仅是一个县域的范围，但历史性地形成了一个辐射西北的扇面。在历史上，它参与了"茶马互市"，直接介入草原游牧文明以及西域文化的塑造；它由晋商主导，在晚清及近代以来被卷入全球贸易体系；它由国家统筹，从民国到新中国成立后一直都是团结西北少数民族同胞的战略物资。它历经沉浮，几度兴衰，自然而然地镶嵌在了中国贸易史、中国金融史、中国近代国际关系史、中国边疆民族学、食品工业学及微生物学等社会及自然学科里。

那是先民历史性开创的成果，我们并没有充分认识到它的价值。在改革开放以来，安化黑茶的传统销区扇面在不断展开，最终形成一个辐射全国乃至更大范围的产品消费区。它成功的背后屡遭质疑，崛起后的产业迅速成长。在产业规模日渐壮大的背景下，当借鉴日益失效，原生性茶人陷入了一种身份焦虑里。我们应该如何理解安化黑茶的精神坐标，完成安化黑茶诸多重要关键词的历史性合题，找到产业发展的内生性运动方向，是这本书积极思考的问题。

目　录

绪

论

·玉兰树下的会晤

在资江流域的腹地，一场雪后，大地封冻，资江水满。隆冬腊月，我从资江南岸的小淹渡河，去往位于北岸的安化三中，去看种在那里的两棵玉兰树。

抵达安化三中，进大门右手边，靠近学生宿舍的绿化带上生长着两棵高大的玉兰树。单看树其实很平凡，在中国的很多公园里都种有这样的树。树扎根在它脚下的土壤里，吸收来自大地的营养，在漫长的光阴里，年轮一圈一圈增加，最后成就了硕壮的主干，分出了精壮的枝干，伸展出一片片肥厚的叶片，绽放出一朵朵带着幽香的玉兰花。

在树的南北两侧，建有两幢五层楼的学生宿舍，一眼望去，树的顶端刚好超过宿舍楼。安化物产丰富，但不产玉兰，这两棵树像两个异类挺拔在这里，活在好几代人的目光注视下。当地老人说这两棵树至少有200多岁了，看树干的直径，确实是有些年头了，但究竟它们今年多少岁，其实都包裹在树皮下的年轮里，藏而不露，只有它们自己知道。

这两棵树的主人已经离开我们很多年了。1837年，他60岁生日，道光皇帝为了表达对他的厚爱与嘉奖，给他颁赐了很多生日礼物，也包

道光皇帝赏赐给陶澍的两棵玉兰树，种植与安化三中校园内

括这两棵玉兰树，它们是千里迢迢从交趾过来的贡品。他很感动，在次年正月就给道光上了一个《恭谢圣恩赏寿折子》。

他是安化人，从这里出发，通过乡试、会试、殿试一路到翰林院编修、国史馆编修、翰林詹事、监察御史、川东兵备道、按察使、布政使、巡抚，最后官至两江总督。他永远在解决人们现实生活中面临的重大问题，例如赈灾，例如水利，例如漕运，例如盐政。他是晚清以来开眼看世界的治世名臣，在生命最后的那两年，他向道光皇帝举荐了林则徐作为自己的继任者，他在折子上谦虚诚恳地说林则徐"才长心细，识力十倍于臣"。林则徐继续探索他对海疆的思考，继续查禁鸦片。他爱才惜才，与落榜来访的左宗棠成为莫逆之交。南京城里的那一次会晤，他们相谈甚欢，具体聊了一些什么，我们已经很难获悉内情了。左公恃才，有傲慢的秉性，但经略西北，又让我们读到了"策劲旅以振国威，无坚不破"[1]的豪言。他结社，组织消寒诗社，将龚自珍、魏源、林则徐、黄爵滋、洪介亭等有识之士聚集在一起。他的名字叫陶澍，这两棵树因为他而长于斯。历史藏着太多不为我们所知的细节，转瞬之间，那些鲜活的生命都已经作古。校园里的这两棵树，长在中学生学习生活轨迹的必经之路上，像一双深邃的眸子，盯着故土上的后人，在一代代青年人的生命历程里去圆满自己的未尽事宜。

站在这两棵树下，我感受到了另一种代际传承的方式，在树的语境下传承的方式。一棵树得以枝繁叶茂的前提是它有深埋于土壤中的根系，根系的深度和宽度决定了它获取营养的范围。根在土层之下，我们无法直接看见，树在土层之上的状态又清晰表达着它的存在。一棵树，不管它生于何地，只要扎根土壤，适应了土层下的环境，就有了生长的基础。根，通过一个系统性的组织将营养输送到土层之上，土层之上拔出了主干，

---

[1]《陶澍全集》第二卷，第68页《恭贺平定回疆生擒张逆折子》。

位于安化小淹的道光御赐字"印心石屋"

抽出了枝叶，孕育了花蕾。枝叶可以长青，但花开有时。玉兰树的叶子四季常青，这并不代表我们见到的那些叶子是两百多年前的那些，但它们和两百多年前的那些息息相关。树有自己的代谢机制，叶落归根，回到土壤的落叶重新被分解成土层下的营养，渗透到土壤里，被根系吸收。这种自循环是树完成生命自我迭代的方式；也是它能熬过时间，生生不息的秘术。

陶澍逝世时62岁，虽年逾花甲，但也算是早逝。他的生命轨迹仿佛是一粒种子，在肥沃的土层中找到了生根的力量。在他身后，湖南的人才像拔出主干一样，一个个先后成了顶梁柱。在其后的洋务运动、戊戌变法、辛亥革命、抗日战争、解放战争中，湖南的才俊像开枝散叶一样，一波一波地向我们涌来。"惟楚有才"语出较早，但在唐代以前被我们熟知的名人里与湖南有关的，大多数还是属于客籍人士，例如屈原、贾谊、张机、陶侃、杜甫、柳宗元等。近代以前的湖南，也只是断断续续出过少量杰出人才，例如蔡伦、周敦颐、王夫之等。到了近代以后，湖南人在中国历史上的中坚作用日益凸显。

在陶澍之前，湖南人才匮乏。陶澍在他《甄别并酌量调补折子》里意识到"为政首在得人"。他在国史馆任编修的时候给湖南的朋友写信感叹道光以前湖南人才的匮乏。南京大学历史系编撰的《中国历代名人辞典》中收录了鸦片战争以前的3332个名人，湖南仅有22人，占全国的0.66%。在陶澍之后，湖南的人才配比发生了很大的变化。据蔡冠洛《清代七百名人传》中收录的名人有714人，其中湖南籍人士51人，占全国的7.14%。这51人中，嘉庆以前仅有3人，道光以后陆续出现48人，他们就是近代湖湘学派的根系与主干，在他们的基础上，形成了近代全国名列前茅的人才群体。

湖湘大地积淀着深厚的文化土壤，《左传》里感叹"虽楚有材，晋实用之"，一个地方的人才与环境，与一方水土上的秉性相关。湖南人喜欢说自己"霸得蛮"，那股"蛮劲"未经过教育和文化的熏陶就容易演化成"匪气"，一经教化，就能够经世致用。陶澍内心里清楚，人才是通过发展教育来获得的。陶澍的父亲陶必铨就是一个教育工作者，陶澍他本人在仕宦途中也曾亲自参与到教育事业里。进士及第之后刚授翰林院编修，他的父亲就去世了，于是他回家丁忧守制。在籍丁忧期间，他曾在澧阳书院做主讲授课。守制期满，朝廷起用他，他领受的第一个重大差事就是到四川主持乡试，并任副考官。后经提拔，在监察御史任上也曾被授予会试同考官的职务。他在《与王万泉书》中自述，闱中阅卷，非常用心，篇篇都有评语。此后，他多次担任地方乡试和中央会试的监试官。他主持重修安化学宫，重视书院教育，希望通过人才教育改良社会，也通过教育提升人的素养，以抵达"比户有弦歌之美，青衿无佻达之讥，斯风化成，而治绩茂焉"的理想境地。

　　他注重对年轻人的教育，在安化一中，也就是他当年主持重修的安化学宫旧址，他的画像被挂在最醒目的位置上，他被追认为一中最杰出的校友。

　　在安化三中，朝气蓬勃的年轻人每天都会从那两棵玉兰树下经过。面对玉兰树，陶澍在我们面前显得既清晰又模糊。清晰是因为这棵树直接关联着他生活的年代，把手放在这棵树上，仿佛触碰到了陶公的生活；模糊是因为这毕竟只是两棵树，没有给我们留下太多准确的信息与内容。它是历史的亲历者，那些经历如同它的年龄一样，深藏其内。我们目前还无法精准获悉它见证的故事，只能站在树下结合诸多的历史证据去猜测、去想象。

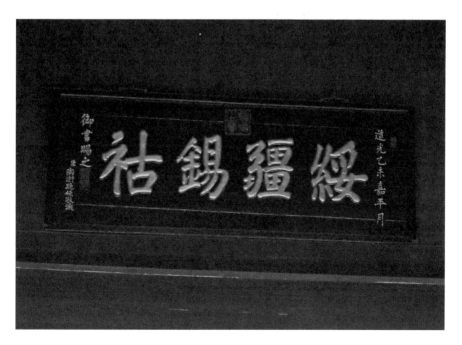

道光御赐"绥疆锡祜"匾额

位于安化小淹的陶澍墓

1839 年 7 月 12 日，陶澍在两江总督任上溘然离世，道光发布上谕，加恩晋赠太子太保衔，照尚书例赐恤，入祀贤良祠。魏源为其撰写了行状、神道碑和墓志铭，其百余卷著作流传于世。一片重回黄土的落叶，分解在土壤里，我们后世也分不清楚它究竟为哪一次花开输送了养料。但土壤就在我们的脚下，在湖湘大地的土壤上，一个富有生命力的根系正在形成，这个根系是一个开放完整的认知体系，潜移默化地影响着人们的思维方式；这个根系是一个学派，支撑着一个认知主干。轰轰烈烈的近代史，在这个主干上数度开枝散叶。我们今天来总结，习惯性地将其称之为"经世致用"。陶澍之后，"经世致用"成了湖湘人才的主要特征。

如今，我们行走在安化，一路上会发现不少陶澍的痕迹，陶澍故里直接被称作陶澍村。有很多座陶家祠堂，位于江南茅坪村那座是经过修缮了的。"绥疆锡祜"的牌匾就供奉在正堂。祠堂一侧有户人家，那户人家很热心，你说想参观陶澍祠堂，家里的年轻人就会帮你到村委会去拿钥匙。祠堂很大，几乎是在原址修建，中堂两侧挂着两幅画像，左边挂着陶澍，右边挂着道光皇帝。画像是印刷品，但表达了安化人对这对君臣的关系的理解。在安化民间，有人说陶澍在京城做侍御的时候与旻宁的关系非同寻常，所以说他曾经将安化黑茶带进了宫中给太子喝。在安化，给我讲起这段故事的老人眉飞色舞，感觉像是自己亲身经历过一样。

不过陶澍有没有给旻宁喝过安化黑茶，我们到目前确实没有找到确凿的依据。但是，来自两湖茶场的茶叶作为经略西北的重要战略物资，从唐朝时开始，就屡次出现在历朝精英阶层关乎天下的重大论述中。陶澍深谙时政，关注西北，自然也不会忽视这一片来自故土的叶子。在他的诗里提到"所以西北部，嗜之逾珍鼎。性命系此物，有欲不敢逞"。这首诗并不是随意的遣怀，它可以带我们重回200多年前那个作诗的现场。大清嘉庆朝，京城的一个冬天，8个取得功名的年轻人聚在了一起，为安化茶开了一场专题品鉴会。

200多年，物是人非之间，历史的浪潮异常汹涌。对中国人而言是沧海桑田，对于中国茶产业而言，更是沧桑巨变。在这200多年的时间里，有很多新的茶品类诞生，也有很多老品类消亡。200多年的故事，看似很遥远，很多往事都如根一样埋在土层里，藏着不断生长的隐性力量，但也有很多往事，早已随风而逝。

·200多年前帝国精英的那一场茶会

大清嘉庆十九年，公元1814年冬天，陶澍在江南道监察御史任上。不到1年的时间，他连上9个折子，参吏部积弊，参巡抚、总督等大员在州县一级执政上的不作为。御史是言官，容易得罪人，但他们是史书里重点褒奖的对象，对于很多刚取得功名的青年读书人而言，那是一个非常向往的职位。敢怒敢言，铮铮铁骨，作风朴素，刚正不阿。历史上有太多的榜样将御史之职塑造成了他们读书时追求的理想，虽然这个职位不讨好，有风险，但依然让那时候的很多青年俊杰跃跃欲试。

陶澍在御史任上参的第一道折子被嘉庆驳回，并且很严厉地说"所奏不准行，原折著掷还"。但他并没有因此而气馁，反而拿出了越挫越勇的精神。紧接着他又参河工不务正业，曲意逢迎钦差；参湖南巡抚对于州县民生问题置若罔闻……那一年，他这个御史不好当。做言官，发现不了问题那是自己不尽责，发现了问题，就意味着得罪同僚。言官需要严于律己，所以那一年他开始写《省身日记》，通过这种方式来做自我监察。

于陶澍而言，京城依然是一个陌生的世界，在他的诗文里，时常感

北京的冬天

叹"长安居不易"。当然,发此感叹的也不止他一个人。在他的同龄人里,身居翰林、御史之位的年轻人也多有此感叹。他们站在同一条起跑线上,关心自己的生命状态,也热衷于谈天说地。他们手中的那一支笔,让很多老练的朝臣心生怯意,他们常伴皇帝左右,束发寒窗时梦寐以求的目标已经近在咫尺。他们是大清的精英阶层,他们的思想将影响帝国未来10年、20年甚至50年的动向。而就在1814年到1815年之交,在那个功名已成、利禄未享的时间段里,来自五湖四海的有为青年相聚北京。

北京的冬天朔风阴冷,没有什么事可做。于是大家相约轮流做东,聚在一起饮酒写诗,吃饭聊天,用文人的方式安排好一场场雅生活,用以消磨漫漫寒冬。他们将自己这个小组织唤作"消寒诗社"。

"消寒诗社"每一期都会选定一个主题,要么赏菊,要么忆梅,要

北京故宫一角

么鉴定古董，要么鉴赏古砚。轮到陶澍做东的时候，他安排了一场安化茶的专题品鉴会。参加那次活动的人原定 8 个，他们之间有中书舍人，有翰林院的编修，有内阁侍讲，有侍御及六部官员。8 人中除 1 人有事缺席，到场共 7 人，他们分别是吴兰雪、陈石士、朱兰友、谢向亭、胡墨庄、钱衎石和陶澍。

那是他们的第六次聚会，他们聚集在陶澍的书屋，饮酒吃肉，意兴阑珊之际，大家说这场聚会安排得很周到，但好像就是还缺少了些什么。安化人待客向来是讲究完美的，面对四座宾客意犹未尽的场景，陶澍一副胸有成竹的样子坐在那里。忽然，有人听到旁边有煮水的声音，大家终于明白，所谓意犹未尽就是好像今天的主角还没有真正出场。陶澍在邀约的时候就已经说明了是要来试他的茶，可觥筹交错一阵，茶迟迟还

位于湖南安化的陶澍祠

未露面。

茶事开始,陶澍给大家介绍了今天要品饮的茶,这款茶产自他的家乡,在资江沿岸的群山里。他说这茶是乡间物产,旧年间家里收下的,它和平常喝的茶都不一样。

说完这款茶,他就开始回忆早年间自己在故土的生活场景。安化是个古老的茶乡,儿时记忆里茶人总是在山崖水畔之间忙忙碌碌。六七月的时候,要整理茶园。安化出产很多茶,初春时节,春雷之后茶叶就开始发芽了。雨前茶产量很少,之后大地回暖,茶芽越来越直挺肥壮。安化产绿茶,有雨前香、谷雨尖、毛尖、雀舌等等。晚些时候就开始做黄茶,黄茶是发往甘陕的边销茶。做茶人很辛苦,早出晚归,他故乡的人就是通过做茶来维持一家人的生计。

在远离故土的地方，乡间旧物最能撩拨起大家的情绪，在场的这些京城俊杰听得很认真，因为按照"消寒诗社"的惯例，茶会结束他们每个人都要写诗点评。他们也都是一帮爱茶人，平日里也喝了不少好茶，龙井、顾渚没有少喝，品茶评水也都是行家里手。但安化茶可能喝得要少一些，所以关于这款茶，只能暂时听陶澍对他们娓娓道来。

陶澍是个识风土、懂风味的人，他接着说："宁吃安化草，不吃新化好。"这句话让在座的宾客陷入了困惑，两片接壤的土地上，竟然会产生这样大的差异。那时候没有更多的数据来佐证这个言论，所以陶澍接着说："宋时有此语，至今犹能道。"意思是这是老辈传下来的经验，并非我陶澍带有偏见。"斯由地气殊，匪藉人工巧。"陶澍也知道，两县地界相邻，在制茶工艺上可以实现技术共享，但同样的制茶师做出来的茶还是区别很大，所以他说那是由风土造成的差异。这句话是经验判断，但也不无道理。200 多年后，农业气象学证实，安化的年平均日照数低于周边县域，年平均降水量高于周边县域[1]。日照与降水量的差异，让阳光、温度、湿度完全与周边不一样，陶澍所揣测的"地气殊"一语中的。

在这些介绍都结束了以后，大家开始品饮安化茶。透过陶澍在这次活动结束后留下的诗来看，我们几乎可以肯定，那一场茶会他们品饮的就是安化黑茶中的花卷茶，也就是千两茶。在御史任上的陶澍，就像是一个愣头青，一道参本让嘉庆给了个"原折著掷还"的朱批，而之后的参本又给州县官员以及巡抚、总督一级的官员带来了不小的麻烦。他既要承受来自君王的压力，又要蒙受同僚及前辈官员的非议。他太需要表达自己的内心世界了，《省身日记》是写给自己的，他太需要找一个机会用中国传统文人的方式，把自己真实的内心世界通过不那么显眼的途径抒发出来，并且通过这种抒发来寻找知音。最后，他在来自故乡的茶

[1] 参见湖南省安化县农业区划委员会 1985 年编《安化县农业区划（报告集）》第 113 页"各县各月历年平均日照时数"，第 120 页"我县及邻近县年、月平均降水量"。

身上找到了与自己秉性相似的地方。于是他召集诗社的成员到自己的寓所，吃饭、喝酒、品茶、写诗，通过这个窗口，借书写安化茶之机，巧妙地把自己内心的想法传递出去。

读完全诗，你不知道他究竟是在写安化茶还是在写自己，感觉他就是那一碗安化茶，风貌、际遇、理想与追求，人与茶，在诗中融于一味！

"茶品喜轻新，安茶独严冷。古光郁深黑，入口殊生梗。""严冷"一词，仿佛让我们见到了一张严肃、冷峻的脸庞。而安化茶最为特别之处，在于茶叶中有很罕见的茶梗。

"有如汲黯戆[1]，大似宽饶猛。"自古以来形容茶的词语都是缥缈柔丽，最典型的要数苏东坡那句"从来佳茗似佳人"。此语一出，茶与人的关系就被玩味得越来越有情调。茶的婀娜、窈窕给士大夫带来了无穷的想象，他们的诗里，将自己宠爱的小妾、歌姬形容成茶，玩弄于股掌之间。陶澍确实是个异类，用汲黯、宽饶这两个粗犷的汉子来形容茶，估计会让很多工于古典审美的"雅士"觉得有点大煞风景。此刻的陶澍并不在意这些，在他眼里，恰恰只有这两个刚介耿直的古人可以与安化茶的秉性相匹配。他看似用拟人化的手法在描述安化茶给人的第一印象，背后却是在暗自隐喻自己作为御史的心理，就是要以汲黯、宽饶为榜样。作为朝廷的言官，要将个人得失置之度外，上不负君，下不负民。

陶澍喜欢安化茶是由内到外的表达，他也时常被人反问，在你嘴里推崇备至的茶，为何陆羽《茶经》里只字不提呢？胸有成竹的陶澍就是在等待着这样的反问！

"岂知劲直姿，其功罕与等。"这茶，有劲道，直挺挺的姿态给人刚正之感。它的"功"又岂是《茶经》中那些茶可以媲美的呢？这里的"功"一语双关，既指眼下的现实功效，也指早已彪炳史册的功勋。茶的现实

---

[1] 戆：读音 gàng，憨厚而刚直。

功效不外乎是在大鱼大肉之后能够清洁口腔，驱邪避秽。其功勋就是西北牧民仰仗此茶，性命所系；统治者要经略西北，首要任务就是整顿茶务。这茶很朴实，有上古遗风，我们时常所谓的君子之交，就是这个味道。

在那场茶会之后，陶澍写了四首诗，连起来读很长，但读来有味。假如我们聘请了一位画像师，根据陶澍诗中留下的关键词，再结合安化茶的背景知识来复原他们200多年前究竟喝的是什么茶的时候，当"郁深黑""梗""饕""猛""劲直姿""菁茅""尚褧[1]"这些关键词经过理解和画面还原，几笔勾勒，在安化也就只能拿出千两茶来与之对应了！

那场茶会举办在嘉庆年间，很巧，后来故宫的工作人员在整理嘉庆遗物的时候找出了两截树干形的紧压茶。当时千两茶已经销声匿迹了，工作人员误以为那是普洱茶的一种，及至千两茶重新进入大众视野的时候，故宫的工作人员经过对比研究，才对此做了纠正。

茶会结束，1815年3月，陶澍调任陕西道监察御史；4月迁户科给事中；9月巡视江南漕务。诸多繁琐的事情都被他处理得井井有条。1819年，授川东兵备道。第二年，嘉庆帝驾崩，道光即位。在三次召见之后，陶澍于同年3月抵达山西，任布政使；8月调任福建按察使；10月，任安徽布政使；之后任巡抚直到升任两江总督。那场茶会之后，陶澍几乎是一路升迁、平步青云。茶会间酒意微醺的他说出了"其功罕与等"的话，他口出豪言，把自己比作千两茶。后人重读此诗，回顾他的一生，其实他就是在践行他席间说出的那几句话。终其一生，他做到了"其功罕与等"。

在那场茶会里，用当时的视角来看，在品茶写诗这方面，确实有陶澍所不能及的人。比如吴兰雪，他在乾隆南巡时到金陵应试，那时候还

---

[1] 褧，读音jiǒng，尚褧出自《礼记》，意为锦衣外面再加上麻纱单罩衣，以掩盖其华丽。

故宫工作人员整理嘉庆遗物时发现的安化千两茶

不到20岁，就已经出了诗集，著有上百首诗歌。他是江西人，有家学渊源，当时被誉为"诗佛"。论年龄，他比陶澍大十多岁，在政治上没有太大的建树。在那次茶会之后，他也十分慎重地为安化茶写了一首诗。全诗如下：

> 芙蓉岭春娇吐芽，茱萸江水晴照沙；
>
> 石铫细煮松声里，渴忆家山梦尤美。
>
> 豪家七箸多腥膻，此味清严妙入禅；
>
> 劚[1]云吾爱康王谷，会试人间第一泉。

吴兰雪更像是一个资深品茶人。他懂茶，深受古典雅生活的熏陶。事实上，清朝的名优茶已经多为散茶，江浙一带名声在外的贡茶更是让京城的精英阶层心向往之。但陶澍带来的安化茶在品饮方式上有唐宋遗风，在实际效用上又功能显著。所以，喝这样的茶，自然也容不得半点马虎，懂茶的吴兰雪提议要用康王谷里谷帘泉的水来冲泡。无疑，这首诗将安化茶的品饮要求拔高了一个等级，但它对后世的影响很微弱。

吴兰雪品茶和作诗水平俱佳，不过始终还是缺失了陶澍那种"人茶合一"的深度与感染力。用历史的眼光看，吴兰雪在政治上的功绩是无法和陶澍相提并论的，他拥有与部分唐宋时期诗人们相似的颓靡际遇，透过诗把生活越过越有滋味，但就是官越做越小，晚年他在贵州长顺县做同知。当他于道光十四年去世时，大家可能都已经把他给忘了。那一年，陶澍已经是两江总督，与江苏巡抚林则徐一起刚刚拟定了加强江南海防的方案。

陈石士也是一个有才情的人，当了一辈子太平官。在他去世以后，他的三儿子和隔房的侄儿将他生前的诗集结校勘自费刻版印了出来。在如今传世的版本里找遍了也没有发现有关这期茶会的诗句。其余到会的

---

[1] 劚，读音 zhú，用刀、斧、锄等工具砍或削。

人，更是都沉寂在了历史中。就这样，历史不经意间选择性地遗忘了他们，他们喝了安化茶有什么感受，有什么想法，都已经成了藏在历史里的秘密。但也许这个秘密是公开的，因为安化茶还在，你只需要煮一壶，喝一口也就知道了。

最后倒是有一个没有到现场的人因为陶澍而让我们记住了。这个人叫董琴南，在当时是翰林院编修。他人没到现场，但是写了一首诗交给陶澍。第二天，陶澍写了一首诗回复他，同时将故乡寄来的安化茶取出了最上面的一饼一并差人给他送了过去。陶澍回复他的诗也很长，我们透过通俗的语言，感受到了翰林院精英们平日里那种活泼的互动。陶澍在诗中说道：

> 忆昨煮茗时，刚趁春雪渥；
>
> 人从一口分，趣比字题酪；
>
> 差堪润喉吻，未足劳辅腭；
>
> 坐中六七豪，意气殊脱略；
>
> 颇怪君未来，或者借辞托；
>
> 我意当不然，知君耽直谔；
>
> 朝来得君诗，洗我胸中恶。

茶会结束了，距今已逾200年。那场茶会很重要，透过茶会我们看到了清朝精英青年不同的世界观与价值观。茶在中国，是一个积淀深厚、十分古老的文化符号。经历了千年嬗变，在200多年前已经形成了一个约定俗成的秩序，这个秩序并没有哪个官方组织去明文发榜，但在世道人心的层面，大家是有共同认知的。这个共同认知也表现在文人的闲篇诗词里。安徽、江苏、浙江、福建、江西这些文化氛围浓厚的地区提及茶的时候有自身的优越感。这些地方的茶，与古代士大夫互动的时间较早，也多是陆羽《茶经》中排序为上的产茶区。文人饮茶时的语言习惯和审美习惯已经养成，像八股文一样根深蒂固，要纠正很难。之所以说这场茶会很重要，在于"消寒诗社"的成员在不经意间尝试打破一种存在已久的固有秩序。陶澍一句"其功罕与等"振聋发聩！

那时候清朝的内部秩序太需要来一次掷地有声的重构了。刚刚经历了"康乾盛世"的嘉庆朝已经开始暴露出一些固有秩序的弊病。文化上，八股取士已经形成了固定模式，两榜进士多出在江南，而彼时的江南，学风腐化，"乾嘉学派"考据、训诂等治学方法于国计民生并没有太多直接的效用。嘉庆一朝，内忧外患的阴影已经开始初现端倪：内部的匪乱、英国人对海疆的骚扰、鸦片造成的诸多社会问题，西北边疆也不平静。其实就在陶澍召集举办这次茶会的头一年秋天，京城发生了一次震惊全国的叛乱事件，叛军虽然是小股势力，但在叛乱中攻下了紫禁城西华门。

1813 年的秋天，和往年一样，平静如一潭死水的清朝一切都按部就班地向前推动着。按照祖上的惯例，嘉庆帝需要前往热河木兰围场狩猎，并且接见蒙古、西藏各王公。嘉庆帝的御驾离开北京不久，北京的天理教教徒就开始私下里串联，他们与紫禁城里的太监联合在一起。9 月 18 日夜，大批头裹白巾的天理教教徒杀向禁宫。他们欲对清朝统治者发起"斩首行动"，多路部队杀向嘉庆的寝宫，西华门沦陷，宫闱之内一片惊愕。在这次事件中，嘉庆帝的皇次子旻宁组织宫廷侍卫抵抗，并且亲自参战，击退了天理教武装，那场事变被称为"癸酉之变"。

如今，当我们漫步故宫，在去往乾清宫时就要经过隆宗门，隆宗门的匾额上，一截锈蚀的箭镞至今都还在。幽幽寒光里，让我们不禁想起 200 多年前的那段往事。回到紫禁城里的嘉庆帝即刻晋封了表现英勇的旻宁为"智亲王"，也许那一刻在他心里已经确定了将来继承大统的人选。随后，他向天下发了一封"罪己诏"。他留下箭镞也许是要时刻给自己提醒，毕竟这次紫禁城之变是"汉、唐、宋、明未有之事"。

事变之后的嘉庆帝心里清楚，国家在这个时候，需要汲黯、宽饶这

北京隆宗门上遗留的箭簇

样的人来打破固有的秩序，改变现状，革新面貌。漕运、盐务、吏治、基层治理和民生问题、各地匪患、江南海防、鸦片……臃肿的帝国已经在一片浮华颓靡里陷入了病态。为未来计，嘉庆帝需要让年轻的人才得到历练，在这个时候，陶澍被推上了御史的岗位。

陶澍是湖南人，在当时的朝堂之上，湖湘子弟不像江南才俊，没有那么多盘根错节的裙带关系。他们不会被固有的秩序所禁锢，所以可以在很多积弊上放开手脚。我们用历史的眼光回望，1814年是陶澍生命中的一个拐点，那场茶会是这个拐点的折射。茶会之上，人茶合一，人茶一味，他以安化黑茶千两茶的秉性来借物抒怀。他读懂了安化茶的真实意涵，借以诗咏茶之机表达了自己的人生理想。"气能盐卤澄，力足回邪屏"，那种扭转乾坤、涤寐逐昏的气势都表现于他一路实干一路升迁的仕途中了。

200多年前，北京城里那场由清朝精英阶层举办的安化黑茶专题品鉴会，品鉴的不仅仅是茶本身。纵观历史，文人因茶雅集的事并不罕见，但还没有人把茶摆在如此醒目的位置上。唐朝的茶事，过于清雅，谈佛论道，属于抽象思维层面的游戏；宋朝的茶事，过于嘈杂，挑逗撩拨，属于油腻男茶余饭后的小趣味；明朝的茶事，有那么点与民同乐的气氛了，但关注的格局始终过于狭窄；200多年前的这场茶会，参与者并没有刻意地去附和什么，他们站在了国家的宏观视角上，谈人，谈茶，谈功效与功勋，谈"人茶一味"里所隐喻的山河国运！

·煮沸天下的帝国茶事

    茶,说到实质其实就是一片叶子,但又不仅仅是一片叶子。就像甲骨文不仅仅是一堆龟甲骨料,长城不仅仅是一堆砖头一样。它早已从物质层面渗透到了我们的精神世界,让一个个具体的社会群落以茶为媒,演绎了无数个丰富具体的历史场景。

    它跨越阶级,是当权者会客厅里的甘霖玉液,也是平民百姓家里的馥郁香汤。我们可能没有察觉,在很多风云诡谲的历史现场,这一碗茶汤溶解着千钧之力,被那些天之骄子无数次地拿起又放下。

    清朝入关以来,在很多制度上沿袭明朝,起初贡茶制度也是沿袭明朝,在顺治七年以前,贡茶事务由户部主管,顺治七年之后,贡茶划归礼部管辖。这个制度安排看似只是主管单位的调整与更迭,但更多的是投射出清朝统治者对茶这个产品所蕴含的意义有了更深的理解。清朝是一个大一统的朝代,其贡茶规模也开创了古代王朝之最。陶澍在北京与朋友分享的安化茶也在贡茶的名单之内。故宫博物院除了嘉庆遗物中的那一截千两茶之外,还存放有很多安化砖茶,那些砖茶的选料均匀,叶芽细长,

和田玉材质茶碗上的乾隆御制诗

均为幼嫩芽叶制成[1]。在宫廷皇室的日常里，安化砖茶多用来煮奶茶，龙兴于游牧部族的清朝皇室一直以来就有喝奶茶的习惯，入主中原之后，他们在以一个胜利者的姿态影响着中原的茶事审美。乾隆皇帝就曾很骄傲地在一个奶茶碗上留下自己的御制诗，他在诗中赞美奶茶，同时对陆羽调侃道："子雍曾有誉，鸿渐未容知。"奶茶的美妙滋味，陆羽确实是无缘感受，乾隆皇帝此诗的语言结构和陶澍那句"俗子诩茶经，略置不加省，岂知劲直姿，其功罕与等"如出一辙。在18世纪和19世纪，安化黑茶并不是什么新生事物，但是直到那个时候，我们才看到它走进宫廷皇室，走进精英士大夫社群的确凿证据。

清朝的贡茶使用量很大，除了皇室成员自己日常饮用，皇帝也会将

---

[1] 详见万秀峰等，《清代贡茶研究》，故宫出版社，第43页。

竹篓装的安化天尖茶

其作为重要的礼物赏赐给各部藩王,以此来笼络人心。其中对蒙古诸部的赏赐量最大,在《清代内阁大库散佚档案选编》中记录了皇帝赏赐藩王茶叶的很多信息,其中康熙元年的一些记载最引人注目。康熙元年,公元1662年,那一年郑成功才收复台湾,清廷还没有完全掌控福建沿海;那一年吴三桂刚刚在昆明城里用弓弦绞杀南明永历帝,云南才刚刚开启平西王府的统治期。福建的贡茶还没有完全恢复,云南的贡茶也还没有发掘出来[1]。而彼时的贡茶已经交由礼部主管,使用的场景和等级标准都有一套严密的制度。那一年,在康熙赏赐藩王的礼单[2]上有这样的记录:

　　康熙元年六月初一日,赏翁牛特杜棱郡王　茶　两竹篓

[1]详见万秀峰等,《清代贡茶研究》,故宫出版社,第65页。普洱茶进入宫廷是1716年。
[2]详见大连市图书馆文献研究室,《清代内阁大库散佚档案选编》,天津古籍出版社,第297页。

康熙元年十月十日，赏喀尔喀达尔汗亲王　茶　一竹篓

　　　　　　　　赏浩齐特阿赖崇额尔德尼郡王　茶　一竹篓

　　　　　　　　赏喀尔喀布木巴西喜贝子　茶　一竹篓

　　　　　　　　赏车根固木贝勒之四品台吉满西里　茶　一竹篓

康熙二年正月初五日，赏厄鲁额尔德尼阿海楚虎尔诺颜　茶　两竹篓

　　　　　　　　赏厄鲁额尔德尼阿海楚虎尔诺颜之罗布藏呼图克

　　　　　　　　图　茶　一竹篓

　　　　　　　　赏厄鲁额尔德尼阿海楚虎尔诺颜之子杜喇尔台

　　　　　　　　吉　茶　一竹篓

　　　　　　　　赏厄鲁额尔德尼阿海楚虎尔诺颜之哈木布西勒图

　　　　　　　　淖尔济　茶　一竹篓

　　　　　　　　赏科尔沁达尔汗巴图鲁亲王　茶　一竹篓

　　　　　　　　赏科尔沁冰图郡王　茶　一竹篓

　　　　　　　　赏科尔沁冰图郡王之三品台吉噶布拉　茶　一

　　　　　　　　竹篓

　　我们可以看到，康熙初年对于蒙古诸部赏赐的茶叶计量单位是竹篓。在故宫出版社出版的《清代贡茶研究》一书中提到：清代赏赐外藩茶叶的品种较为固定，其中以普洱茶、安化茶等茶类为主。[1]康熙初年，普洱茶还没有进入贡茶名单，符合以竹篓为计量单位，且属于贡茶并且被固定用作外藩赏赐的，就只剩下安化黑茶品类中的天尖茶与贡尖茶了。

　　在湖南安化，老百姓至今还依然传颂着这两个品类的茶叶与清朝皇室的故事，但是很多历史线索都已经中断，口口相传的信息难免会显得千奇百怪。但是"天"与"贡"二字似乎还从正面证明了它们高贵的身份。

　　从康熙对蒙古诸部的赏赐来看，入主中原的清朝还在探索自己与草

---

[1] 详见万秀峰等，《清代贡茶研究》，故宫出版社，第107页。

木兰围场所在地

原秩序之间的关联。第一次让康熙意识到坐在北京并不能有效统摄草原是三藩叛乱的时候，当时南方还在与三藩乱军交战，北部边疆的压力也开始凸显。康熙十四年，公元 1675 年，察哈尔王布尔尼叛乱，布尔尼的叛乱对清廷而言没有构成实质性的威胁，大学士图海仅仅用了两个多月就平息了叛乱，但就在这次叛乱之后，康熙在从北京出古北口至蒙古的要道上建立了皇家围场。

康熙二十年，公元 1681 年，曾经获得过康熙赏赐的天尖茶的喀喇沁部和翁牛特部从自己的牧地里划出了一片超过一万平方公里的土地赠送给康熙，康熙在这片土地上建立了木兰围场。从此，木兰秋狝成为清朝皇室的祖宗家法。康熙、雍正、乾隆、嘉庆四代皇帝，先后在这里举行了 105 次秋狝大典。[1]

北京的夏天总是炎热难耐，现在如此，200 年前如此，300 年前亦如此。

在木兰围场建立起来之后，清朝皇帝就不太喜欢在紫禁城里过夏天了。他们在去木兰围场的途中发现了一个避暑的好地方，于是在行宫的基础上扩建，最终形成了一个融合山水休闲的皇家庄园。那里夏天气温要比北京低好几摄氏度，一路北上还可以抵达草原。起初，大清皇帝通过木兰秋狝向草原诸部炫耀武力；之后，皇帝也意在通过展示自己高超的打猎技巧来彰显自己的生命力。从康熙四十年大兴土木开始[2]，历经雍正、乾隆时期的巩固，以木兰围场和承德避暑山庄为中心的另一个权力体系逐渐形成。

如今我们回头去看，那时候的承德至少存在着两个中心，第一个是由承德避暑山庄构成的皇权中心，同时还有由围绕避暑山庄修建的各类寺庙形成的信仰中心。这两个中心在承德交汇，形成了大清时代的中华民族向心力，在那里完成了一次次民族团结与融合的庄严仪式。茶，在

---

[1] 详见张亚辉著，《宫廷与寺院》，中国藏学出版社，第 94 页。
[2] 详见张亚辉著，《宫廷与寺院》，中国藏学出版社，第 113 页。

河北承德避暑山庄外的小布达拉宫

避暑山庄的蒙古包

康熙手书"避暑山庄"匾额

有意无意之间,在那一场场仪式中充当了媒介。

　　1780年7月21日,承德避暑山庄皇家宫殿大门敞开,侍卫戒备森严,王公大臣及附近寺庙的喇嘛、僧众都恭立在道路两侧。一乘大黄轿从普宁寺抬出来,顺着大道朝避暑山庄走去。大轿进丽正门,在澹泊敬诚殿前停下,从轿中走出一个喇嘛,他就是千里迢迢从雪域赶来给乾隆皇帝贺七十大寿的六世班禅。他下轿以后,上丹墀跪请圣安,七十岁高龄的乾隆亲自上前扶起他,然后用自己提前学会的藏语问候他:"长途跋涉,必感辛苦。"班禅谢恩回答:"远叨圣恩,一路平安。"双方礼毕,乾隆带班禅到四知书屋,赐茶、赐座。[1]在这个场景中,班禅等同于皇帝属下的一个藩王。

　　之后,乾隆到须弥福寿之庙熬茶。熬茶是信仰语境下基于施主与福田关系的布施行为。在这个场景中,班禅扮演着乾隆的宗教导师角色。原本应该由乾隆亲自作为施主,但他却派了一个阿哥扮演他的角色,他本人则在整个仪式中成了高高在上的旁观者,除了在仪式最后接受班禅

---

[1]详见毕国忠,《六世班禅热河觐见史略》,赤峰学院学报。

当年熬茶的须弥福寿之庙

的哈达，其他什么都不需要做。从仪式本身来说，是那位阿哥和班禅结成了施主与福田的关系；而仪式的目的，又是希望这一关系能够建构在皇帝和班禅之间。[1]这种皇帝既在场又不在场的场景设计，非常巧妙地将大清皇帝凌驾于其他一切属性之上。

茶在这个体系中充当了社交介质，在确认权力关系的同时，连接僧俗，沟通天地。同样是在承德，1771年9月8日傍晚，一个蒙古青年在承德木兰围场伊绵峪天子大帐外下马，他被侍卫及理藩院官员引导进入帐中，乾隆皇帝坐在大帐之中等候多时。这个蒙古青年叫渥巴希，是土尔扈特部年轻的首领，刚刚带着自己的部族从伏尔加流域千里辗转归来。他风尘仆仆地赶到承德来觐见皇帝，就是为了自己的部族回国以后的安置问题。

乾隆很重视土尔扈特部的东归，他随即下旨，赏赐马匹牛羊二十余万头，赏赐官茶两万多封，粮食四万一千多石。马匹牛羊是解决在草原上生产的问题，茶叶和粮食是解决眼下的生存问题。陶澍在诗中所说的"所以西北部，嗜之逾珍鼎"一点也不假，乾隆的赏赐表达了一种态度，让回归祖国的土尔扈特部在水草丰美的草原上重建家园。

茶的社交媒介功能依然在。夕阳西下，落日方向，地平线上走来的大队人马重归故土。刚刚搭建好的毡房里，饥疲交加的牧民，嗷嗷待哺的小孩，大家在静默地等待着东方的消息。直到渥巴希的快马回到草原，并且带回了马匹牛羊、茶叶粮食。这个颠沛流离日久的族群在那一刻，才重新燃起了活下去的希望。

在承德，理藩院将很多秩序建制化，就是要保障国家在草原、雪域乃至西域地区的长治久安。这种秩序也已经被各方认同并且习惯了。直到1793年，一队远涉重洋的商人赶到避暑山庄，他们带来了自己生产的商品和一些精密的仪器设备，目的是想说服乾隆皇帝同意与他们通商。

[1] 详见施展，《枢纽：3000年的中国》，广西师范大学出版社，第280页。

大清在封闭的自我繁荣里沉醉日久，乾隆皇帝扫了一眼他们带来的那些东西，感觉还没有内务府打造的工艺精良。理藩院和礼部还在与这队使节就他们见到皇帝时是双膝下跪还是单膝下跪的问题纠缠，乾隆皇帝表现得十分不耐烦。他只想着快点打发这些人，于是在理藩院按例的基础上对这些人做出了一种"皇恩浩荡"的姿态，给予一些赏赐打发了事。

在乾隆赏赐马戛尔尼的清单中，茶叶显得尤为夺目。在这位十全老人心里，这个远涉重洋过来的英吉利人与蒙古诸藩王并没有什么本质的不同。所以在对马戛尔尼的赏赐中有："茶叶二大瓶，砖茶二块，大普洱茶二个，茶膏二匣。"[1]马戛尔尼使团里的正使、副使，以及随行军官都获得了乾隆赏赐的茶叶。与此同时，使团还给英吉利国王带去了赏赐。

乾隆皇帝累了，国家在他治下建立起了权威有效的官僚系统，继承了蒙古可汗的辽阔领土，与此同时，他还确立了中原地区所认同的仁君形象。在马戛尔尼悻悻离开的背影里，大清这头垂垂老矣的猛兽正在落日的余晖里打着盹。至此，那一片嵌在帝国命运轨迹中的叶子将自己的非物质历史使命发挥到了极致。清朝是中国封建王朝历史的一个终结，我们站在历史的另一端回望，茶里寄托的个人理想与社会秩序的隐喻给我们构建了一幕幕精彩的故事，那是中国茶的故事，也是中国人的故事。我们回到那些故事的原点，从中国湖南一个山水相间的地方出发，士农工商，王侯将相，平凡与伟大，神圣与世俗，那些历史中的主角，仿佛都与这一盏茶汤有过深情的邂逅。

[1] 详见《清代贡茶研究》，故宫出版社，第108页。

第一章 · 资水蛮山

安化梅山生态园

·梅城女人

    现如今的安化，分为前乡和后乡，前乡的中心在梅城，后乡的中心就是如今县城的所在地。若论前乡与后乡的差别，硬要说起来就如同硬币的两面，差异甚大，但只有合在一起才完整。深入安化，与当地人相处之后，我个人得出的结论是要与前乡人做朋友，与后乡人做生意。与前乡人聊天，横跨梅山文化数千年，天马行空，亦茶亦酒，聊得忘乎所以。

与后乡人聊天，纵横天下数百年，千亿产业，亦师亦友，聊得心潮澎湃。如今前往安化的游客大多数在后乡就止步了，龙头企业汇集在后乡，茶旅规划的线路也大都集中在那里。但要寻访安化的根，还是要去前乡，去梅城，去了解他们那由无数个春秋形成的日常。

梅城人的性格始终还是在女人身上发挥得更加鲜活些。"蛮劲"是一种秉性，但毕竟梅城人教化日久，被礼教稍加约束的"蛮劲"有点像烈酒陈酿，劲头还在，却又深谙对方的感受，眉目间的柔润让你痴迷，行为里的霸蛮让你生畏。

"湘女多情"，尤以梅城为甚。梅城女人的情绪是最为丰沛的，梅山文化不过是一套关乎生、老、病、死的态度，这些信息的精髓都悄无声息地植入到梅城女人的气质与灵魂里。这种感觉有别于苏杭女子的蕙质兰心，有别于北方姑娘的耿直爽朗，有别于巴蜀女孩的热情泼辣。她们更像是把这些性情毫无保留地融合在了自己身上，她们是芙蓉山腹地热情绽放的野樱，驻守在缥缈幽深之地，游离于茫茫云海与多彩人间。

很显然，坐在茶桌前的梅城女人总能自带仙气，哪怕是最为日常的装扮，整个面部都如同刻意为茶重塑了一番。梅城话滤掉了那些蛮俗俚语，声音放低了，给你耐心讲起的故事总能让你想起小时候。

梅城女人的一生，与茶有解不开的因缘。

每个成年的梅城女人都会有一根量身定做的木棒，用来擂茶。这是一种嵌入生活方式里的传统，没有谁做硬性规定。当姥姥给自己递来第一碗擂茶汤的时候，可能她并没有觉察，这辈子自己与这碗擂茶的故事竟然会无声地延续那么长。

安化擂茶几乎还完整地保留着中原茶事典籍上记述的"茶为食用"的细节。生茶、生米、生姜，在擂茶钵里研磨，滋味甘香。生姜的辣与生米的甜相融，生茶的鲜爽青涩再辅以食盐的咸，调和五味，再烈的气味都像被驯化了一样，口腔里被一种平和绵柔的感觉所占据。梅城女人

梅城女人的擂茶棒

梅山九子碟

生茶与生姜

的故事都是从一碗擂茶汤开始的。当女子成年，媒人带着男方，提着九子碟到女方家相亲，如果相中了，女方就要给男方做擂茶吃。生茶、生米、生姜寓意三生三世，喝下这碗三生汤，就算是今生缘定了。

擂茶，至今还充斥在安化人的日常生活中，早起喝擂茶，干活收工喝擂茶，午餐和晚餐的间隙饿了喝擂茶。岁月无声地在擂钵中研磨，那根擂茶棒与一个梅城女人的韶华都被磨碎在了山中的日常里。在安化，喝擂茶又被称为吃木，磨碎的擂茶棒木屑与擂茶汤融合在一起，那根用山茶枝做成的擂茶棒成了梅城女人一生的隐喻。光阴、生活，以及对一个家的爱与付出都凝结其中。擂茶，是梅城女人的一场生命仪式。

我去梅城的时候，不喜欢住酒店，喜欢住在梅城朋友的家里。我那位朋友是个典型的梅城女人，认识她的时候她就已经是两个孩子的母亲了，家里老人还在，住在芙蓉山外的仙溪镇大桥村。那是一片山地平坝，民房围着省道修建，自然而然地形成了一条曲线。房屋两侧多水田，稻花香的季节应该是最美的。

她家里两个小孩都在上学，这么多年过来了，以茶为业的她还勉强能够应付。从她家屋后的院子望出去，就能见到绵延的芙蓉山系，我第一次进山她是向导。一件 T 恤、一条牛仔裤、一双军用胶鞋，进山以后她总是走在最前面。她懂山，不是学术上那种懂，是历经反复的行走用爱催生出来的一种情感。以山为荣，在家里把梅城人待客的流程都走完了以后，她就会邀请你进山，在她心里，进山也是一种待客仪式。山中四季风光各异，冬天的冰雪，春天的樱花，夏天满水的溪山瀑布，秋天澄澈的落日晚霞，大山用沉默接纳着一切，也在表达着一切。

芙蓉山系很大，五座主峰环绕，从空中俯瞰，如同一朵绽放的木芙蓉。山中的民居小木屋星星点点地散落着，这些看似平淡无奇的村落在唐诗里也留下过惊鸿一瞥。那是大唐时期的一个风雪夜，赶路的刘长卿站在山间村口，用白描的手法给我们勾勒了一幅静谧的山村图景：

日暮苍山远，天寒白屋贫；

柴门闻犬吠，风雪夜归人。

　　我也曾夜宿芙蓉山，煮水烹茶，远方的瀑布声在耳畔似有似无，屋外老树上有鸟的呓语，隔壁的鼾声在夜幕中响起。那一刻，你纵然已经十分困倦，内心里却始终不舍入眠，茶园就在屋外，茶树正暗自生长。雨露，虫鸣，在似梦非梦的状态里隐隐约约地对话了一晚上。醒来太阳光束就打在对面的山脊线上，走出木屋，空气清润凉爽。屋里，擂茶已经做好，淡淡鲜绿的擂茶汤里，光阴的刻度又向前不经意地位移了一步。

　　进出山里，由梅城女人开车，会充满刺激。那种"蛮劲"在路上表现得很充分，哪怕是对车辆的驾驭还不那么娴熟，但是一上路依然可以肆无忌惮。这时候，你别无选择，只能默默地系好安全带，内心里祝福她，也祝福自己。

　　梅城女人除了做擂茶，其实还娴熟地掌握了其他美食的制作技术。九子碟上的小吃，油炸、腌制，口味的变化拿捏适度。很多梅城女人会以自己的手艺为荣，谁家媳妇儿的萝卜干腌制得好，谁家姑娘的红薯片炸得香，左邻右舍的品评里，暗含着一个小家庭的荣誉。在乡村社会里，生活有没有滋味，往往不在于财富和社会地位，可能就在于这些散落在日常里的小细节。梅城人深谙其理，所以和他们做朋友，你也会感觉到生活的多彩滋味。

安化千两茶号子实景舞台表演

· 后乡汉子

这个时代，茶的元素在舞台上并不罕见，但是把制茶工艺搬上舞台的并不多见。

安化黑茶的"千两茶号子"算是其中一个，和早年间赣、浙地区从茶山上吸收灵感的采茶戏不同，它要表达的不是茶山的人物故事，而是以实景再现的方式还原千两茶的制作场景。那是个气力活，需要团队协作，在汗水与力量之间，茶被压制成型。劳动的场景，充满着行为艺术的美感。安化县正在着力打造大型田野实景舞台剧，可以想象，千两茶号子在实景巨幕下给人带来的视听冲击。

那种冲击力主要是源自现实世界。后乡汉子的个人命运、安化黑茶产业的起伏都能在茶的兴衰中窥见一个个小时代的切面。

20世纪50年代，在盲目追求效率的大背景下，千两茶所耗费的人力与时间在当时来说是极不划算的。如何能够"多快好省"地生产具有千两茶口味的安化黑茶成了一个"政治"任务。后来研制出的花砖茶经过销区的认同逐渐成为千两茶的替代品，花砖茶上线生产，千两茶逐渐退出历史舞台。

1983年，当最后一批掌握了踩制千两茶制造工艺的老师傅即将退休的时候，工厂又组织了一次千两茶的踩制，那次踩制最主要的任务就是留住手艺。眼下，20世纪80年代的那些小伙子也到了快退休的年龄了，

搬上舞台的千两茶之舞

千两茶制作技艺传承人李华堂（已故）

千两茶的篾篓

回望历史，我们才发现，那一年手艺的传承像是上天安排保留下的一枚火种。在轮回里，一批批老茶工耗尽了一生，一批批年轻学徒又涌现出来。

在这一批老茶工里面，有一个叫李华堂的老人，他的名字曾经出现在了一支千两茶的竹篾篓上。那两个字，一度成为全国茶人百思不得其解的谜团。

这个谜团被写进了早期关注中国紧压茶的曾至贤先生的书里，在那本书中，他将千两茶称为"世界茶王"。他像发现"新物种"一样迫切地想要给全世界的读者介绍千两茶的独特魅力。他自己沉浸其间，也带着朋友们一起沉浸其间，那本书的名字叫《方圆之缘》，从书中的目录可以看到，他的这本书基于一场场紧压茶连接起来的远行，他试图用自己的视角去"深探紧压茶世界"。"华堂"二字就出现在他那本书中提到的一支压制于1983年的千两茶上。那支茶的竹篾篓上除了这两个字，几乎就没有留下更多的其他信息了。后来经过相关人士的考证，竹篾篓上的"华堂"二字有可能是当年制茶师父留下的签名。此事一直挂在曾至贤先生的心里，他也许在内心里默默祈愿抵达安化时还能见到那位叫"华堂"的老人。没想到，上天眷顾，当曾先生跨越海峡来到安化的时候，还真的见到了当年那位叫华堂的制茶师。时隔几十年，一支茶促成了两人的会面。他们会面那天下着雨，两个人都没有太多的言语，曾先生在老人面前泡了一壶千两茶，老人捧着茶，哽咽地说出："这支茶是我做的。"

一杯茶里藏着的相忘与相认，捶打着老手艺人柔软的内心，哪怕他们都是顶天立地的汉子，在制茶季，光着膀子粗犷率性地高喊着号子。当一支支千两茶，经由他们的双手制造出来，那一刻，他们的内心就有了一种牵挂。李华堂老人在竹篾篓上写下自己的名字，从字迹上看，并不是那么刻意，却依然发酵出了"鱼传尺素"的故事。跨越海峡的相见，是一种人间风味穿越时空的确认。21世纪的千两茶故事，在1983年的"火种计划"中蔓延，在李华堂老人哽咽的声音里扩散。

在安化，类似于李华堂这样的手艺人多集中在后乡，以江南镇边江村为盛，那里是千两茶的发源地，踩茶的汉子在两百多年前就已经光着膀子，喊起了茶号子。在安化民间，一些制茶家族的族谱上对于踩茶痕迹的追认可以抵达明朝万历年间。一种从民间发源的茶叶生产方式在不断刷新我们的认知纪录。最开始将茶叶放在竹篾篓中踩紧，不过是为了一次多运输一些茶叶，没想到这种方式带着鲜活的生命与茶商一同上路，当茶商卸下一路的风尘抵达销区的时候，篾篓中的那些茶已经形成了新的风味。一个全新的黑茶产品，在茶商运输过程中无心插柳地问世了。

在这个产品问世的同时，也有意无意地产生了踩茶工这一职业。安

彭先泽的塑像

化后乡的男人，在资江边的三伏天，将用一个个汉子的真性情，重塑那一片片叶子留给历史的固有印象。千两茶的阳刚之气，就这样被塑造出来了。这支有劲道、直挺挺的茶，赫然矗立在那的时候，让很多迷信的老人相信，那茶放在家里可以驱邪避秽。

　　当然，地处后乡的江南几乎浓缩着安化人的创业史。1939年，带着国家任务的彭先泽回到安化，他在江南的老茶行里研制出了第一片黑砖茶。这位出生在安化后乡一个知识分子家庭的汉子，早年间留学日本，是民国时期农学领域的知名专家。我们站在茶的坐标上回望，他的功绩显著，但除了茶，他对水稻的科研及教育教学也做出了巨大的贡献。他所著《稻作学》一书，成了很多涉农高校的教材。

　　中国是传统农业大国，但对于20世纪30年代的中国而言，农业的固有优势正在消耗殆尽，农产品在商业上的表现出现了结构性失衡。诚如吴觉农先生在《中国茶业复兴计划》中提到的一样，国人眼中的茶业往往只有商业行为，而忽视了茶业本身是涵盖农、工、商业的。彭先泽对于安化黑茶产业的历史意义就在于不失时机地进驻安化，开始带领安化黑茶产业朝着社会发展的方向前进。其所著《安化黑茶》一书，涵盖了农、工、商业等各个方面，教科书式的行文范式，经久不息地影响着安化黑茶的产业从业者。

　　如果说陆羽的《茶经》本质上是在嗜好的场景下为我们对于茶叶的鉴赏活动提供了标准和语汇，他利用茶叶风靡于文人学士之机，完成了中国茶对消费者的渗透，那么彭先泽的《安化黑茶》一书最大的贡献就在于书中凸显了一种完整的产业意识。他在试图调整茶产业结构的失衡，并且为了这个目标身体力行。如今在安化，有人将其称之为"安化黑茶理论之父"，我觉得这个头衔有失偏颇，因为他对于安化黑茶产业而言，完成的不仅仅是理论建设。他抵达安化，像吴觉农一般致力于改造黑茶实业；像陈椽一样用心总结黑茶理论；像庄晚芳一样热衷于黑茶教学；

像冯绍裘一样躬耕于黑茶产品研发。唯一的遗憾是他过早去世，导致安化黑茶产业长期以来一直欠缺一位有足够分量的领衔人物。安化黑茶用近半个世纪的沉默，在为这个后乡汉子的离开默哀！

不管是已故的彭先泽，还是如今在安化的一个普通后乡汉子，他们身上都有一种吃苦耐劳的精神。沿安化资江的支流朝南岸腹地山区走去，那里面是支流溪水的源头，当年的后乡汉子就是从山里放竹排将茶叶运到资江边上的老茶行里。构成资江水系的支流呈网状分布在资水两岸的群山之间。在安化江南镇顺资江流向朝小淹方向前行，途中将经过资江的一个大支流麻溪，在那条支流上，曾经活跃着一个组织规模庞大的竹排运输队伍——麻溪排帮。

如今麻溪水面依然还能见到竹排的痕迹，只是没有从前那种热闹的大场面了。交通运输变革之后，零星的竹排在水中供山民使用。麻溪排

现如今，麻溪上依然有供村民使用的"火排"

资江南岸的江南小镇

帮使用的竹排都取材于溪山两岸的毛竹，用火将竹子表面炭化之后，放在水中可以使用很多年，因此麻溪排帮的竹排又被称为"火排"。

旧年里，在排帮放排的汉子被称为"排骨佬"，他们最受乡里乡外的姑娘喜欢。常年在水边劳动，光着膀子，那一身的腱子肉在阳光下泛着黝黑的光泽。这时候，假如溪边有浣洗的姑娘，总会远远地羞涩地投去欣赏的眼光。排帮汉子勤劳又有见识，富有团队协作和冒险精神。他们除了将山里的茶叶一担担运出山外，还会带着山里生活所需的物资返航。资江水系并入了长江，有些大胆的"排骨佬"可以将火排放到长沙或是岳阳。

江南镇上茶行云集，排帮运输的鲜叶或毛料，在茶行里完成加工之后，再乘商行的货船出资江入洞庭，进入中国的商贸运输网。安化后乡的江

资江岸边"蛮山"之间

南，是一个极富创造力的地方，那里孕育了千两茶，研制了第一片黑砖茶，同时也涌现出了安化黑茶产业中最具活力的企业家。

在江南工业园区，有一个黑茶品牌本身已经超越了品牌的概念，成了安化黑茶最为显著的标签。这个品牌是 21 世纪的农民企业家从一些碎片化的历史信息中重新获得启示而创建的。他们创建这个品牌的动机很简单，就是为了把生活过得更好。山民靠山吃山，他们安居大山之中，却时刻忧虑着整个村子的未来。后乡山民很多都不是本地人，旧时代乡村里的农民或因为灾荒，或因为战乱，背井离乡最后在异地扎根的并不罕见。

从安化江南工业园区进入资江南部山区腹地，里面的山民多是谌、黄、蒋姓，一直以来就有种茶制茶的传统。不过在 20 世纪后半叶，安化黑茶茶事凋敝，很多茶园荒废，甚至于有勤劳的山民砍掉茶树重新种上了粮食。茶农的后人也都只还留存着一些老辈人做茶的回忆。早年间，他们也想象不到，这辈子还有机会重新捡起老祖宗们干过的行当。面对生活，他们早已选择了妥协，有些在山里种地糊口，有些以篾匠、木匠的手艺谋生，也有些通过读书走出了大山。就是这帮农民、手艺人和出山的知识分子，一个个七尺男儿，站在祖先倾力耕耘过的溪山故地接受了来自历史的召唤。他们重新谋划，组织山民，肩负起了属于这片大山的伟业。

他们创建的品牌历经挫折，一路高歌，品牌名就是大山里的古村落的名字。两条溪水激流的山间，被晋商品评列为优质茶叶的产地，历经时间的筛选，高家溪、马家溪这两个深深烙在茶行掌柜脑海中的地方，被茶学系《制茶学》教材圈出的重点茶业产地，在文字上巧妙重组，高马二溪诞生了！

早在 2015 年的时候，我在安化调研，有幸与那位参与品牌创建的知识分子有过一面之缘。他姓谌，是一位律师。忘不了这个后乡汉子充满激情的讲述，在他的理想中，高马二溪的未来就是要作为安化黑茶的代表跻身中国名茶的行列。为了这个理想，他不计个人得失，在品牌起落沉浮的那些年，始

安化高马二溪村里的林中茶

终像一颗钉子一样死死地锁定在那里。可惜，非常遗憾，没过多久我在朋友圈看到了关于他的讣告，时任高马二溪茶业公司董事长的李忠先生号召工厂的员工去参加他的追悼会。

李忠是江南人，又一个精干的后乡汉子，接手高马二溪茶业公司的时候正值这个品牌发展极度不稳定的时期。资本方进进出出，老股东分崩离析。我第一次见他的时候是在公司的生产车间，他拿着饭盒从食堂打饭过来，借着午休前的空隙我们聊了一会儿。那时他刚刚出任公司董事长，对生产部门极度不满意。产品是一个企业的命脉，所以他自己钻进车间主抓生产。很多年后，当我再与他见面时，除了厂里产品质量的飞跃提升，还有就是他一个人收购了高马二溪品牌的全部股份。他是一个企业家，这辈子先后进入过很多个领域，涵盖实业和金融业。他坦言，耗费自己精力最多的还是这个茶厂，没有退路了，只有一条道走到黑。在他家里，到处都存放着他喜欢喝的高马二溪茶。他喜欢书法，喜欢弹钢琴，在财务状况相对宽松的状态下带着高马二溪茶继续前行。

我时常说，高马二溪是一个企业品牌，但它绝对超越了一个企业品牌的价值。我们无法统计眼下在安化有多少人靠着这四个字谋生活。李忠大度，不去计较，在黑茶江湖上，穿透品牌的边界，我们其实很容易就能识别高马二溪人，从他们家里无处不在的高马千两、高马天尖，从他们淳朴而又真诚的脸上，从他们谦恭地给你娓娓道出的高马故事，从说起"高马二溪"这四个字时他们眼里闪烁的光芒。这是"高马二溪"的基因，也是他们心照不宣的秘密。他们在心里发誓，要将自己的毕生心血献给那片大山。这些年，我见过很多高马二溪人，在他们分享的经历里，是安化黑茶又一代人在历史上抛下的生命轨迹——那些随着时间推移长满荒草的坟头，那些在时光的威逼下日渐苍老的容颜，那些在记忆灰烬中又逐一浮现的往事。

·蚩尤后人

安化人的精气神里透着一种认真，镌刻在骨子里的认真。做事认真，生活认真，连讲故事也非常认真。很多虚无缥缈的传说，经他们认真的讲述，有那么一瞬，你也会对此深信不疑。这一点，在追溯梅山文化，呼应上古信息时表现得尤为突出。

梅山文化，是那一方水土上老百姓默认的一个文化之根，至今承袭下来的那些有关生、老、病、死的仪式依然可以追溯到上古，中华民族源起的那些段落都被长期以来的傩公祭司创作加工，揉碎在了他们的生存空间里。对大地之灵的理解化作了傩公的咒语，对祖先的追忆都融进了无声的日常。到安化，跟随着前乡人的步伐，你会慢慢靠近一个直追炎黄时期的重量级人物——蚩尤。

在安化，前乡人比较喜欢提起自己和蚩尤的关系，这种本地情绪总会有意无意地流露出来。这些年，当我们用更加理性的视角来看我们的文明史时，蚩尤的那种邪恶色彩逐渐褪去，很多地方将其请入了供奉炎黄的庙宇，把炎帝、黄帝、蚩尤确立为中华民族的三位始祖。这种追认，是一个文明社会走向成熟之后的必然。所以，原来很多与蚩尤有关的地方，

湖南安化蚩尤村村口

也都可以大大方方地表达出来了。

据很多学者的考证，蚩尤部族的后裔与西南山区很多少数民族有着千丝万缕的关联。不过他们在千里奔走中，将关联的信号隐藏起来了。直到后来的民族人类学家在田野调查中发现他们的服饰、语言、庆典活动中的角色安排后展开联想，最后才从这些微弱的信息中与蚩尤发生了思维层面的关联。这是对我们的历史启蒙通识的"大反叛"，我们以为他已经灭迹于那些神话故事中了，但没想到他隐遁深山，从中原向西南山区走去，他的故事和他的后人，将以或隐或现的方式出现在你探寻的必经之路上。

距安化梅城不远处，有一个地方叫蚩尤村。传说，蚩尤并没有死，而是带着部族逃到了这里，在这片世外桃源一样的地方过起了安稳的日子。也有人说，这是一片通灵之地，战神蚩尤在退守这里之后，撒豆成兵，组织了一次次有效的抵抗，最终得以在这里安身立命。不管是哪种说法，反正大家还是竭尽心力地给蚩尤找到了一个栖身之所。

去蚩尤村，用导航基本上会失效，信号会误导我们围着村外绕圈子。在当地人的带领下，进入村子，首先看见的是一座高大的城寨门楼，门楼上写着"蚩尤界"三个大字。从门楼进去，里面真的是别有洞天。中国古代士大夫幻想的那个理想世界可能也不过如此。山水相间处，奇石林立，稻田环绕其间。站在高处远望，炊烟人家，鸡犬相闻。不管怎样，大家总算还是为蚩尤找到了一个好归宿。战火烽烟深埋历史之中，我们抵达传说的历史现场，所见的不过是诗酒田园。嶙峋的怪石，不管是否已经封印了撒豆而成的神兵，往事都已然化作了田间吹来的清风。清风过处，石缝间骤然响起的呼啸声此起彼伏，真如古战场上突然吹响的号角，让人又不得不联想起有关蚩尤的那些战事。

黄帝部落对蚩尤集团的作战是一场争夺天下的大决战，崛起于黄河流域的黄帝部落收编了炎帝部落，之后开始整合天下，然后进一步向南推进。收编炎帝部落，黄帝部落总共打了三次战争，整合天下打了五十二战，而与蚩尤连续打了七十一战依然无法取胜。于是，黄帝开始求告"九天玄女"，"九天玄女"派了"女魃"来给黄帝助阵。那场大战，被很多早期的史料描绘得昏天黑地，血肉模糊。文明开创伊始，就这样让史笔给我们留下了一种隐隐的疼痛感。黄帝最终战胜蚩尤，靠的是指南车。一种全新的作战工具投入战争，最后战争的天平开始发生倾斜。但我们可以肯定，在那七十一场拉锯战里，蚩尤也具有极大的获胜可能。

虽然最终还是黄帝获胜了，但胜利者的内心是非常惶恐的。他可以包容炎帝这样的"战败者"，但他绝不能容忍蚩尤。毕竟在平定天下的过程中，蚩尤给他造成的损失巨大，其潜在的威胁会绵延后世。所以，黄帝以胜利者的姿态来书写历史，蚩尤被他指挥的史笔给妖魔化了。他

安化乐安镇思游张家仙湖村，传说这是战神蚩尤的故里

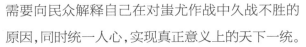
蚩尤故里的石头，刀劈斧砍的痕迹

需要向民众解释自己在对蚩尤作战中久战不胜的原因，同时统一人心，实现真正意义上的天下一统。

蚩尤的结局是悲惨的，在《山海经·太荒南经》中提到，蚩尤被黄帝擒获之后带上了桎梏（锁脚的部分叫桎，锁手的部分叫梏），一路上从河北到山西，押解示众，蚩尤的手脚都被桎梏给磨烂了，刑具上都渗着血迹。最终蚩尤被处决，处决方式是"身手解割"，行刑之地被后世长期称为"解州"。有人说，蚩尤的血染红了土地，所以《梦溪笔谈》里才会说："解州盐泽，方百二十里，久雨，四山之水悉注其中，未尝溢。大旱，未尝涸。卤色正赤，在阪泉之下，俚俗谓之'蚩尤血'。"

在蚩尤村湖山相间处的那个湖泊，当地人告诉我，不管是干旱还是雨涝，湖水永远都保持在同样的水位线上。这倒是和沈括笔下的解州盐泽暗相吻合。

蚩尤村里的石头很特别，除了奇特的造型容易引发人的联想之外，石头上多分布着"刀劈斧砍"的痕迹。所以在梅山文化里，有人深信，黄帝处死的并不是蚩尤。有可能只是蚩尤部落的另一个头目，或者完全是一个替身。真正的蚩尤已经遁迹于此，以山为界，点石成兵，继续对黄帝部落

战神蚩尤

随时可能降临的攻伐严阵以待。

那场大战之后，天下太平，蚩尤部落余众退向深山，开始将文明抛向蛮荒之地，在绵延后世的过程之中，那些退向深山的余部不能书写自己的历史，也不能明目张胆地歌颂自己血液里那些勇武的过往。他们将情感幻化在了傩戏之中，在祭祀仪式里，悄然暗传。

这种暗传，属于一种身份的确认。在典籍中臭名昭著的蚩尤，在他们这里被重新确认。跨越血泊沙场，翻山越岭，千里跋涉，他们将自己的文明信息藏在了生活方式里。服饰，仪式，生老病死，在每一个关乎人生的重大事件面前，他们都要深情回望自己的祖先。我们说梅山文化很神秘，其神秘之处，大概就是源于这种不可明言的微妙感。面具之下，掩盖着一张张真实的面孔，那是穿越了无数个黑夜的生命秘语。历经岁月的洗礼，大家都已经遗忘了伤痛。黑夜过去了，但大家已习惯了将那套秘语在光天化日之下隐藏。我时常在想，我们其实不应该用戏曲的视角去看梅山傩戏，那种娱乐的视角会湮灭很多来自上古的信息。

汉唐之后，西北与两湖地区因茶而关联在了一起。两湖茶场的茶叶，在中原王朝与西北边疆的政治互构中扮演着越来越重要的角色。我们不知道那些久居塞外的牧民在接过来自两湖的茶叶时具体是什么感受。在中原茶文化的主流叙述里，茶发乎神农，而蚩尤和神农是同时代的人。神农的后人在制茶饮茶，蚩尤的后人也在制茶饮茶，千里漠北之中，沙漠戈壁之上，原本无茶。最后西北牧民却历史性地形成了一种"不可一日无茶"的生活习惯。如果要讲中华民族的完整性，蚩尤是不能缺失的，而分散于南北之间的部族后人因茶而再度相遇，进一步巩固了这种完整性。所以，梅山文化不是异类，是融合在中华文明中不可分割的一部分。

晚清以来，很多治世名臣都将目光聚集在了大清的海疆之上，唯有陶澍、曾国藩、魏源、左宗棠等湖湘名臣依然锲而不舍地关注着西北边疆。那里面，有政治家的睿智和士大夫的天下情怀，那种天下情怀的底层逻

梅山神张五郎

辑应该就是骨肉相亲。

　　从蚩尤村回到梅城，到了告别的时候了，我借宿梅城的那家女主人在我离开之际，特意为我做了一次梅山擂茶。梅城女人，面对茶与生活时娴静的气质会让你暗自着迷。她娴熟地摆上九子碟，举起擂茶棒，生茶、生米与生姜，在擂茶钵里被研碎，融为一体。安化男人喜欢劝酒，山里的烧酒，带着血气、勇武和汗水的味道；安化女人喜欢劝茶，山里的擂茶，带着清芬、温柔和缥缈迷离的幻想。

　　这碗三生汤，他们祖祖辈辈一直喝下来，一根根擂茶棒消磨在了漫长的时光里。举盏的那一刻，我仿佛想起了什么，又仿佛遗忘了什么。史籍里，三战，五十二战，七十一战仿佛是兄弟姐妹之间发生的口角，当血肉模糊的记忆远去，他们的后人又在一盏茶汤里相聚，绘声绘色地描述着那段史前往事。

第二章 · 长城内外

· 贺兰山下的小日子

　　西夏天庆五年，公元 1198 年，西夏正旦节（也就是中原的农历新年）
还没有过完，正月初五的早上，贺兰山下离兴庆府二百公里开外的一个
乡村里，七八个村民围在一个农家小院中。院子的主人叫麻则犬，他们
父子决定要在今天卖掉自己的房产和土地。村民赶来是为了作见证，买
地的人名叫梁守护铁，他一早就带着随从进了村子，买卖契约已经写好，
就等着麻则犬父子还有见证人签字画押。

　　我们从买卖契约中可以看到，麻则犬父子将自己二十三亩灌溉土地
还有自家的院落一并卖给了梁守护铁，而卖出的价格是八石杂粮。契约
最后还写着，将来买卖双方不管是谁反悔了，将赔偿对方十六石杂粮。
我们从契约文本上看，八石杂粮，几乎置换掉了一个西夏普通老百姓安
居乐业的小日子。这一年，距离西夏灭亡还剩 29 年，西夏内部经济出现
了巨大的危机。

　　正月刚过，贺兰山下还是一片冰天雪地，从西夏黑水城出土的这张
买卖契约里只留下了麻则犬父子的名字，他们从此将失去房产和田产，
他们带着八石杂粮要去往何地呢？等粮食吃完了，他们又将干什么呢？

他们只是西夏的一个小家庭，但是他们是构成西夏政权最基本的单元，他们破产了，无形之中也将西夏推向了破产的边缘。

历史上的西夏政权确实是坍塌在了蒙古人的铁骑下，但那只是一个外部因素。党项人守护家园的决心让战神成吉思汗耿耿于怀。在兴庆府城破之前，一代天骄陨落，他给全军将士留下的最后一道军令是城破之后屠城。党项族就消失在这一场历史的腥风血雨之中。夺得天下的大元在编修史书的时候，为宋、辽、金分别都修了史，西夏只在这些大国正史之间以《夏国传》的方式留下了寥寥数篇，但就是这种惊鸿一瞥的存在，让他们显得更加神秘。

关于西夏学的研究，我们前后大概已经断断续续地推进了近二百年。1804 年，武威学者张澍与朋友游览清应寺的时候打开了封闭在寺中凉亭

张澍发现的那块西夏碑

67

内的"重修护国寺感通塔碑"。碑分两面，一面为汉字，另一面留下的文字在场的学者们一个也不认识。汉字的落款处有"天佑民安五年"的字迹，"天佑民安"应该是一个年号，熟读正史的张澍迅速在脑海中搜索，发现正史典籍中的朝代里没有出现过这个年号。精通考古学的张澍立即怀疑，他发现了一个已经被历史遗忘了的古老王国。

敏感的张澍将搜索范围锁定在了两宋时期，最后在《宋史》中读到"天佑民安元年六月，夏与宋定绥州附近国界"的句子。原来那块碑，是曾经与宋、辽、金并存过近二百年的大夏国立的，因为在大宋的西北部，因此中原习惯性将其称为西夏。张澍的发现，让我们又重新读懂了沉寂在《夏国传》里面的很多篇章。西夏是一个尚武的国家，据后来的史学家考证，在李元昊时期，西夏大概有一百万人口，大约三十万人是军队。夹在辽、宋、吐蕃乃至后面的金国之间，要扎根立足，首先就是要活下去。

西夏武士很彪悍，但是也难掩西夏人自身的脆弱本质。西夏建国之初，经历了李继迁领导的长期斗争，虽然在武力上处处占据上风，但是党项人的生活质量却是每况愈下。李继迁心里明白，再这样下去，将会给自己的部族带来灭顶之灾。所以他在去世前特意交代他的继任者，等他去世之后，立即给大辽和大宋上书请求归附。

作为李继迁的继任者，李德明忍辱负重地担负起了党项人的未来。他上书求和，大辽和大宋先后册封他为"西平王"。在接受了大宋的册封之后，宋每年将赐给李德明"银万两、绢万两、钱三万贯、茶二万斤"。西夏不产茶，但是从党项贵族到西夏平民，茶在他们的生活中是不可或缺的。西夏统治者的那种勇武精神时常受制于自身生存空间过于脆弱的现实。那些有血气的西夏贵族对于李德明时期对辽、宋的各种妥协在内心里藏着深深的不满，这其中也包括李德明的儿子李元昊。

李德明在去世之前就已经预料到了自己的继任者也许会将党项人带向悬崖，但是他还是毫不犹豫地做出了这样的选择。即位后的李元昊发

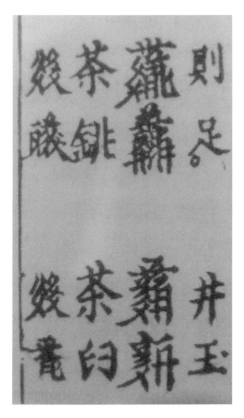

西夏文献《番汉合时掌中珠》里面有关茶的西夏文
与汉文对译

西夏出土的黑陶罐

布的第一道命令就是要去中原化，剃发、脱掉丝绸穿回毛皮，他试图通过追溯党项人自己的历史，重塑党项人的凝聚力。他实施了一系列改革措施，都是在为建立一个独立王国做着准备。让他意想不到的是，他可以依靠河西与河套富饶的土地暂时摆脱在粮食上对于大宋的依赖，他可以号召国民不穿丝绸，摆脱对大宋丝织品的依赖，他可以强化本民族的若干醒目标志，例如发型，他甚至可以创造一套属于党项人自己的语法系统和书写习惯，他也可以组织最有战斗力的军队抵抗宋和辽的攻伐，但他忽略了在党项人心目中具有崇高地位的一种物产——茶。

从西夏黑水城文献中，我们可以看到茶在党项人心目中的那种崇高地位。

崇尚武力的西夏，将茶叶作为重要的军功赏赐物。在西夏文献《天盛律令》中规定，军官在边地巡逻时发现敌情，根据规模大小有不同的赏赐，其中：发现五百人到一千人，主官获得的赏赐中就会有十个单位的茶与绢，巡检人将也获得五个单位的茶与绢；发现一千人以上，主官将获得十五个单位的茶与绢，巡检人将获得七个单位的茶与绢。在战场上冲锋陷阵的军人杀敌立功之后，西夏依然将茶叶作为军功赏赐之物。在西夏军事法典《贞观玉镜统》中规定，正将杀敌一名，所获赏赐中将有五十个单位的茶与绢。

西夏人口关系到武装力量和国内的劳动力问题，所以西夏对于人口流失问题十分重视。西夏通过立法明确规定，对于边关巡检将士，但凡发现了有国民逃离，在追到一至十个逃跑者之后，将获得半个单位茶叶。

西夏人把性命攸关的战争与茶捆绑了起来。赏赐金银、官爵在历朝历代都是常见的，真正把茶作为军功赏赐之物，并且写入相关法典，纵观历史也就只有西夏人了。

西夏人对茶的掌控非常严密，《天盛律令》中提到，西夏人建立了专门存茶的国家仓库。茶叶贸易在西夏属于国家垄断贸易，通过主管榷场贸易的官员直接与大宋对接，完成国家所需的采购，茶叶进入国家"茶钱库"，再根据相关制度完成统一分配。

在西夏，除了军官可以依靠军功获得茶的赏赐外，文官也可以通过自己的政绩获得茶的赏赐。在西夏《天盛律令》中规定，凡是任期满三年获得升迁的官员都将获得不同等级的赏赐。次等官升一级，赏十个单位的茶；中等官升一级，赏四个单位茶；下等官升一级，赏三个单位茶；末等官升一级，赏两个单位茶。

茶在西夏的消耗量很大，大宋也时常不失时机地利用西夏人这种需求来实施外交攻防。在《续资治通鉴长编》中记录着宋真宗时期为了诱降李德明诸部发布的一封诏谕，在诏谕中，除了赏赐官职和银钱之外，其中就包括"茶五千斤"的字样。

从西夏文献和西夏出土的一些生活器物上来看，西夏人的饮茶方式几乎是继承了唐朝时期陆羽倡导的那套煎茶道。在西夏文字典《番汉合时掌中珠》中，记录着西夏人的茶具，包括茶臼、茶钵、捣棒、茶铫、滤器。喝茶的时候，将茶叶放在茶臼中捣碎，然后放在茶铫中加水熬煮，最后用滤器滤掉茶渣，最后倒在茶钵中饮用。这套饮用方式流程烦琐，所需器物抬高了品饮门槛。西夏老百姓有针对性地将这些器具和流程进行了改造。茶依然是煎煮着喝，但是可能就不会捣碎和过滤了。西夏文献《文海》中记载当时民间有一个叫"急随钵子"的器物，注释说，这个器物如"茶铫，颈弯，中宽，有口也，汉语'急需'之谓"。如今，在西夏故土，陕西、甘肃、宁夏的很多地方，我们还能见到老百姓日常生活里的一种脱胎于煎茶道的饮茶方式，用一个个如"急随钵子"的小罐子，就架在火上烤茶熬茶。老百姓将其称为"罐罐茶"。

经过时间的演变，如今老百姓"罐罐茶"的品饮配方显然是要比西夏时更丰富了。塞北江南盛产枸杞、红枣，将这些特产放在罐子里炙烤之后，用开水一冲，放在火上煮至沸腾状，干果的香甜被激活，与茶叶的清芬融合在一起。转眼一千年过去了，党项人也早已融入了中华民族大家庭，那一盏党项人牵挂的茶汤在他们曾经驻守过的地方孤独地沸腾了千年。

如今，在贺兰山下，风沙侵蚀，时间变迁，那些被无意间抹掉的绚烂还残留着千百年前的印记，西夏王陵的颓垣残碑，依然还无声地向世界讲述着那段悠远的中国故事。

大唐贞观年间，唐太宗收到了一封党项人请求归附的书函，包容的大唐接纳了那个生活在边缘地带的族群。李世民还邀约党项族的首领细封步赖到长安看看，那位游牧民族首领的长安行给党项人埋下了一粒"长安梦"的种子。乃至两百多年后，彼时的大唐已经灰飞烟灭，但是党项人的首领依然处处效法唐风。宫廷建筑上、民风民俗上，乃至生活方式上都带着大唐痕迹。

党项人在唐朝以后统一了西北局部地区，之后开始建立自己的政权，创制自己的文字。将近六千个西夏文字里，几乎涵盖了中原文化的方方面面。衣食住行，在身份等级的差别之间，我们看到了党项人对中原文化的全方位引进。李元昊称帝之后，西夏与宋、辽关系一度陷入紧张，双方边贸榷场关闭，大宋对西夏实施了经济制裁。西夏陷入了一场前所未有的危机，历史文献中用这样的方式描述了这场危机："互市久不通，饮无茶，衣帛贵，国内疲困。""饮无茶"成了危机的一种具体表现，在西夏建国初期的政治家眼中，出现"饮无茶"的局面，就已经差不多动摇到了社会的根基。彼时的李元昊心里清楚，要打破大宋的封锁，就得打赢即将爆发的宋夏之战。

崇尚武力的西夏与重文轻武的大宋在西北地区排兵布阵。大宋为那次攻伐西夏准备了很久，主帅夏竦，副将范仲淹、韩琦，都是大宋能文能武的精英。但彪悍的西夏在军队战斗力上远超大宋，掌握了河西走廊的西夏拥有组建骑兵的凉州大马。身披冷链铁甲的西夏骑兵在两军对阵中可以对步兵实施碾压。在那一次宋夏之战中，大将任福率一万精兵，在好水川一战全军覆没。如今，在好水川古战场上，耕地的老百姓在犁田的时候还能刨出白骨和兵器。那一战，让大宋突然意识到，自己面对的是一个非常陌生的对手，富有实战经验的西夏军队，不是朝堂上那些纸上谈兵的文人可以相抗衡的。

好水川战后，大宋开始面对现实，收缩防线，由进攻转向防守。让大宋意想不到的是，作为胜利者的李元昊竟然主动派遣了使者前往汴梁与大宋和谈。史书上没有记载那次和谈的细节，但是谈判时间旷日持久。两年之后，宋夏之间基于谈判成果签订了合约，史称"庆历和议"。根据和议，元昊接受大宋的册封，对外称王，但可以对内称帝。大宋每年要给元昊赏赐礼物，其中包括"绢十三万匹，茶三万斤"。据载，宋仁宗年间，李元昊开始向大宋索要更多的茶叶"元昊于茶数尤多邀索，中朝许以五万斤，下三司拟取往年赐夏国大斤茶色号，定为则例。"大斤是当时的计量单位，五万大斤，相当于三十万小斤。即便如此，依然还是不能满足西夏对于茶的需求。因此茶作为商品在西夏境内易物的价值极高。多数时候"有茶数斤可以易羊一口"。在官方视线监管之外，茶叶源源不断地从商贸繁荣的大宋流入西夏。

这种刚需拉动的贸易给大宋朝廷带来了意想不到的经济效益。北宋年间，但凡有作为的政治家都将改革的目光投向了茶叶。其中最有名的当属王安石，王安石变法是试图从制度设计上提升茶叶贸易的效率，给宋朝创造更多的财税收入。与此同时，北宋的生存空间被锁定，边界冲突停止之后，北宋与北部的辽国、西北的西夏、西部的吐蕃、西南的大理形成了长期并存的局面，大宋在领土无法向外部伸展的时候开始发起了内部整合。宋熙宁年间，北宋在梅山置县，曾巩在元丰年间记录熙宁年开梅山的旧事时，将梅山之战描述成了一场无路可退的硬仗，开梅山将领翟守素接到的是一个死命令，北宋急于拿下那块蛮荒的飞地。宋廷

本书作者在李元昊陵前考察

在这个时候无路可退，它需要更大的生存空间。向北、向西的扩张成本都远远高于向南或是对帝国内部的一些蛮荒飞地进行整合。这样做，除了完成政治空间的整合，最关键的是梅山这个地方，是一个遍地长满茶叶的地方。进驻梅山的大宋官员，在那里见到了"山崖水畔，不种自生"的茶园景象，那里山多田少，居民大半以种茶为生。将梅山并入大宋的行政版图，然后再将漫山遍野的茶园并入榷场供应链，大宋这笔经济账算得很精巧。

大宋在与西夏的互市贸易中虽然在经济上是受益方，但是西夏直接对大宋物资的索要让大宋在政治上颜面尽失。元丰五年，彼时的神宗皇帝看准了一个机会，准备彻底解决西夏问题。他在边境上集结了近三十万人的军队，兵分五路攻伐西夏。原本胜券在握的神宗皇帝还是忽略了西夏的战斗力。当时在西夏主政的是一个女人，年轻的梁太后。西夏女人骁勇善战，面对北宋的大军，梁太后亲披战甲。最后将五路大军各个击破，仅灵州、永乐两战下来，北宋兵士加民夫减员就超过了六十余万人。神宗年间的这次军事行动之后，宋朝再也没有能力对西夏用兵。消弭战火之后的边境被一个个榷场替代，宋夏之间，除了官方开设的榷场，还有很多处于北宋政府控制之外的私设榷场。榷场是拉动产品贸易的引擎，大宋境内的茶业、纺织业都因此得到了发展。

如今，到银川一定要去一趟西夏王陵。在西夏王陵区，专家推测3号陵里可能埋葬的就是李元昊，而3号陵左手边的"双子陵"可能就是李德明和李继迁的墓穴。西夏经历了这三代人的创业，整合了唐朝以来西北的乱局，将河西走廊纳入了自己的版图，面对大宋的军事压力，他们能够从容应对。在国力百倍千倍于自己的对手面前，他们坚韧地扎根于自己生存的土壤。他们差一点被世界遗忘，那些残破的王陵封土堆在千百年来默默地伫立于贺兰山下。大宋对于西夏总是充满着无可奈何，当年意气风发的岳飞也要发下豪言"驾长车，踏破贺兰山缺"。这么一个地方，成了中原帝国军事界的梦魇。而褪掉军事和政治的色彩，我们重新梳理那些封土堆下的英雄豪杰。他们用尽一生，殊死搏斗，其实要实现的并不是什么野心和大的梦想。他们要的，不过是更踏实、更有尊严地生活在这片土地上。大唐给予了他们这些，所以那时候的河套地区是一片田园牧歌的景象。他们不信任大宋，大宋也没有摆出让他们信任的姿态。所以他们拿起武器，修筑城墙，以一种不容小觑的姿态与大宋争斗，与大宋对峙，与大宋和谈。通过这种方式，来实现他们对生活的理想。

那位卖掉田产和房产的麻则犬，也许记忆里还依稀记得小时候的生活场景，父亲从边关任职三年，带回了属于他的赏赐，他的母亲带着兄弟姐妹们簇拥过去，父亲将自己得到的绢与茶递给母亲，那是一个成功男人的荣誉。母亲接过去放在储物柜里，那天晚上母亲做了丰盛的菜肴，还在火塘边熬了茶。少年时的麻则犬也许一直把父亲当作榜样，等到他长大了的时候，西夏却不再是一个英雄主义的国度。作为有地耕农，他要交纳各种赋税，人头税、灌溉的水税以及国家规定的其他杂税。地里刚刚收割了粮食，把税一交，所剩无几。他无路可退，也不知道这一家人的希望在哪里，卖掉房产和地产，只是为了换得能够活下去的粮食，至于粮食吃完以后怎么办，也许他没有多想，历史也没有给他交代的机会。落幕的王国总会先无声地奏响悲哀的序曲。正月初五，他们离开了自己的老宅，之后或饿死，或冻死，或远走他乡……

四月的午后，风很大，湛蓝的天空下，阳光很刺眼。我从西夏王陵沿着山麓抵达了一个叫贺兰沟的地方，那里有比西夏人更早的先民留下的生活印记，"岁月失语，唯石能言"[1]，透过石头上的那一笔笔刻痕，我们对那些失语的历史一无所知。贺兰山下的本地人早已杳无痕迹，留下岩画的原始牧民，八百多年前在这里卖地的麻则犬父子，他们都已经随风而逝。站在贺兰山下，望着不远处的银川城，心里默默地惊叹，富庶的塞上江南，在每次被历史格式化之后，终究还是会因为自己得天独厚的宜农宜牧环境迎来新生。

---

[1] 冯骥才参观贺兰山岩画之后题写的字。

· 雁门关外的战争与和平

这是一片真正的焦灼之地。

铁血英雄的马蹄在这里撒下了血性的种子，"秦晋之好""三家分晋""表里山河""退避三舍""纸上谈兵""唇亡齿寒"等历史故事都发生于此地。这里塑造过中国人的榜样，这里孕育过中国人的智慧，这里发生的故事都已经流传于中国每一条冷僻的荒陌陋巷。我们的目光也是在这样一个漫长的时空历练里慢慢变得炯炯有神起来。

从内蒙古乌兰察布一路南行，过大同去太原，草原与中原的边界很模糊，莽莽群山以及群山间留下的烽燧，在近三百公里的南北干线间影影绰绰。这之间或断或续的长城，像散落的竹简，年代错序了，需要我们用一套逻辑去充当熟牛皮，将这些散片重新串联起来。南北之间，若以茶的逻辑，我先直接去了雁门关。

雁门关是辽国与北宋在"澶渊之盟"签订前反复争夺之地，很多老百姓熟悉这里是因为杨家将，从小说到电视剧，那些性格突出、情绪饱满的灵魂早已与这片山川融为一体。抵达雁门关，你会感觉到这里浓缩着一部中国忠烈史，从赵武灵王胡服骑射，北击匈奴；到秦始皇派蒙恬

雁门关外的边贸街

出雁门关修长城；再到汉武帝时期，卫青、霍去病、李广等名将都曾站在这里北望草原。李广驻守雁门关的时间最长，在这里他与匈奴交战过数十次，被匈奴称之为"飞将军"。汉元帝时期，昭君也是从这里走向了大漠。雁门关，是又一个边塞诗的吟唱地。诗人们用自己的情绪谱写了一曲曲关内关外战争与和平的史诗。

中国历史在公元第一个千禧年之后第一件非常重大的事情就是宋辽"澶渊之盟"的签订。这个盟约缔结之后，宋辽之间再也没有发生过大规模的战事。

对于签订"澶渊之盟"，宋真宗心中很犹豫。在合约缔结之初，朝堂上下都对此举表示赞同。虽然朝廷每一年将付出三十万两银绢的代价，但从此边关无战事。战争，对于国家上下来说，都是一种旷日持久的损耗。在合约缔结之前，大宋对于辽宋边境布防的军事开支一年是三千万两银绢。国家上下，不管是朝廷官员还是普通老百姓，因为战争失去亲人的家庭不计其数。结束战争，一切都将回到最为理想的状态。

但这种主流舆论仅仅维持了不长一段时间，朝堂上又开始反思盟约

辽代铁茶碾

辽代煮水铁壶

辽代黑釉喇叭口瓷执壶

辽代黑釉梨形壶

金代壁画中的点茶法

带来的政治影响。虽然停战了，但是每一年给辽国的岁币让大家又感觉这是一个"丧权辱国"的不平等条约。宋真宗心里对此非常忌惮，他畏惧史笔会将他书写成一个昏君。在这种担忧中，他主导了一场"封禅泰山"的运动。通过把自己放在秦皇汉武的位置来强化自己的历史地位，不过这个活动本身就已经丧失了它原来的历史意义。在封建帝王里面，宋真宗成了最后一个"封禅泰山"的皇帝。

"澶渊之盟"约定，双方在边境上开榷场进行互市。榷场，相当于建立起了双方的贸易白名单制度。此前很多让双方敏感的商品可以在这个制度下公开交易。大宋就所需的马匹、辽国就所需的茶叶在榷场展开了贸易。茶叶原本在辽国社会的各个阶层都有一定的消费基础，茶叶贸易公开化之后，这种消费基础进一步强化，并且从一种贵族嗜好开始向民间扩散。

大辽曾经掌控着欧亚大陆上幅员辽阔的土地，从朝鲜半岛一直绵延到古西域地区。后来辽被崛起于东北的女真族所灭，契丹贵族西迁，在西部地区建立了西辽。关于这个逐渐绝迹于历史的王朝，有很多细节我们已经无法准确还原，但是从地下出土的辽代茶具——铁茶碾、滴釉盏，以及那些重见天日的辽代茶事壁画中，我们看到了一个上承大唐、效法大宋的茶事生活面貌。

铁茶碾锈迹斑斑，在铁茶碾旁边还有一个相同材质的提梁铁壶，碾茶煮水，陆羽的那套玩法具有经久不息的魔力。宋辽"澶渊之盟"与宋夏"庆历和议"，从东到西，在大宋的边境线上排开了一个整体规模空前的互市榷场。宋、辽、西夏的国力进入了鼎盛时期。

彼时的大宋在实践中发现，茶叶作为榷场贸易中的一种主要交换物资，开始占据着越来越大的赋税比重。宋熙宁、元丰年间，大宋对于榷场茶市做了一系列的制度调整。与此同时，大宋也在开辟更多的产茶区，特别是在各处边疆都已经无法开拓的时候，大宋盯上了国家内部的那些飞地，并且打算快速地将其纳入自己的行政体系。

如今，我们在《宋史》中可以见到，彼时大宋对于内部领土的整合，并且快速地让其发挥经济效益的举动。其中包括梅山，拿下梅山之后，于熙宁六年设置了安化县，寓意"德安归化"，将其纳入潭州管辖，当时的潭州共计十二个县，长沙、衡山、安化排在前三，潭州境内给朝廷上贡葛与茶。经过十五年的郡县治理，元祐三年，北宋朝廷开始在安化设置博易场，朝廷将山民所需的物资运进去，换取山民手中的茶叶。然后再运往辽与西夏边境的榷场参与互市。大宋朝廷对这一套模式驾轻就熟，士大夫将其总结为羁縻之策。这应当是大宋对历史的贡献，在战争之外，我们还可以用和平的方式处理问题。

至此，辽、宋、西夏进入了和平共处的发展阶段，此刻向来有家国天下情怀的汴梁士大夫也许想象不到，在中国版图上并存的这些政权在经历了厮杀、对峙、和谈之后，都端起了从大唐传下来的茶盏。我们很难想象，那时候茶事竟然成了一种很"国际化"的嗜好。我们可以假想，如果在当时要举办一场"国际"盛会，需要设计一个类似于今天的放和平鸽仪式的环节，那最恰如其分的就是点个茶。这套仪式大家都熟悉，在彼此内心里都具有崇高的地位。

如今漫步雁门关，在进入关门之前需要穿过一条长长的边贸街。这条街虽然并不是历史上的榷场，但猎猎军旗之下，西风与东风的交会处，军民铸剑为犁，关城之下，英魂洒血的地方被犁出了排排良田。雁门关城墙上有很多地方是后来重新修缮的，山间的烽燧遗址留下的土堆依然十分醒目，也许"澶渊之盟"后的大宋刺史再也没有登上这些城楼，守军领着微薄的薪酬，只能充当一个看门人。望着蓝天白云，大雁去了又回，杨家将血染边关的历史被演绎成了一幕幕折子戏，在塞北凛冽的寒风里，这个原本响声震天的山谷却越来越宁静。

站在雁门关北望，辽国统治者也许没有想到，让自己覆灭的不是大宋，而是崛起于东北部的女真族。女真族在壮大之后，很快就拿下了辽国的大片领土，这个曾经渔猎于长白山的部族，通过战争在不断靠近发达的文明，也在不断逼近农耕区。他们夺取了大辽的领土、国民以及所有的财富，同时也占据了大宋的半壁江山，其中也包括流行于宋辽社会各阶层之间的饮茶嗜好。

金代墓葬壁画中的茶事非常鲜活，彼时国民的宴饮、斗茶都与南边的宋人遥相呼应。南渡之后的宋朝重新整合了帝国内部的资源，边境榷场依然在发挥互市之效，只是金朝内部对于茶叶在不断发起反思。他们想摆脱南宋的羁縻政策的影响，于是在山东淄川、密州以及浙江海宁、中原蔡州等地设置制茶坊，造新茶。新茶造出来之后，由金章宗完颜璟品鉴，作为王朝的最高领袖，他心里知道这个茶的品质是其次的，关键是政治意义重大。所以他在给监制茶叶的官员回复时还是很中肯地给予了鼓励。他说："朕尝新茶，味虽不嘉，亦岂不可食也。"自己的"民族产业"生产出来的产品，虽然不好喝，但也不是不能喝。作为皇帝，他带头喝，来鼓励民众支持自己的茶。

不过市场终究还是要看品质，金朝虽然已经掌控了中国茶的江北产区，但因为缺乏制茶技术，其制茶坊在一年之后的春天就关闭了。但完颜璟好像还没有死心，他给管理那片土地的官员下达了一个命令："今虽不造茶，其勿伐其树，其地则恣民耕樵。"他把最后的希望寄托在了民间。当然，最好是有南方懂制茶技术的汉人被茶叶贸易的利益所吸引，能够偷偷北渡。完颜璟的这个想法其实也不是没有任何希望，因为早年间就出现过山东地区的老百姓私自做茶，然后拿到榷场上去赚取高利的情况。当时国家不能容忍这种行为，将那制茶人判了刑。也正是这个事件的发生，引发了完颜璟要自己发展茶业的想法。

我们很难想象完颜璟当时面临的压力，朝堂之上的精英官僚都把茶拿出来说事，在他们看来，以茶易马的榷场买卖非常危险，是"费国用

蒙古奶茶桶

以资敌"。他们做了调研，然后一致认为，茶叶并不是国民的必需品。南宋朝廷用一片树叶子，换走了金国的马匹和财富，这是极为不划算的。当时茶叶在金国，不分男女老幼都在喝，特别是农民、城市小市民也在喝，而且还有专业饮茶的场所提供茶事服务。完颜璟迫于这种压力，不得不暂时做出规定："七品以上官，其家方许食茶，仍不得卖馈献，不应留者，以斤两立罪赏。"这将茶叶消费锁定在一个阶层。但是对于茶这个群众基础较好的嗜好品，这种规定根本就没法执行，所以两年后，就废弃了。

金国对于茶叶贸易的大规模制裁发生在金宣宗时期，他在位期间做了一系列错误的决定，最后直接导致了金朝的灭亡。他与成吉思汗求和，与西夏断交，迁都汴梁，发动对南宋的战争。在战事频繁、民生凋敝的状况下，金宣宗下达了御旨，再次禁茶。这次规定非常强硬，只允许五品以上官员饮茶，并且官员不准售卖、馈赠茶叶给其他人，没有饮茶资格的人如果被发现饮茶，将判徒刑五年，举报者奖励宝泉一万贯。这相当于战时管制政策，从管制措施中，可以看到茶事日盛，已经遍及大江南北，这个嗜好已经深入人心。

彼时，蒙古人也已经有了饮茶的嗜好。在内蒙古大学，研究民族生活方式的老师告诉我，他从蒙古族文献里面看到，当年成吉思汗的西征军就带着茶，并且那时候蒙古牧民就开始喝奶茶了，士兵喝奶茶解乏，熬煮奶茶的渣子可以喂马。我在内蒙古草原上见到了熬奶茶的茶叶渣，即便是原料较为粗老的砖茶，毕竟也还是植物最嫩的那一截，经过水与奶的烹煮，最后还加了食盐，茶叶渣的香气很浓郁，拴在门口的马儿果然几口就将奶茶渣吃完了。

统一天下的元朝将帝国版图发展到了超大规模，雁门关内外没有战事。元朝末年，从南方起义的农民军夺得了天下，但是元朝的主力军队并没有覆灭，元朝的末代皇帝率军退回了漠北，建立了北元。明朝与退回漠北的蒙古人展开了旷日持久的战争。不以攻占土地为目的的漠北骑兵时常占据着战场的主动权，来去如风，厮杀劫掠之后就退得无影无踪了。处于防守态势的明朝，只能重启长城边防。

明朝在长城一线设置了九边重镇，雁门关防线向前推进了两百多公里，明成祖封代王进驻大同，开创了"天子守边，藩王戍镇"的历史。在大同北部一百公里处，靠近草原的边界线上，绵延的长城与密集的卫所形成了一个严密的北部防御体系。明朝对于北元的很多行径都束手无策，掌握在手中的唯一砝码就是茶叶。和宋朝一样，大明紧紧握住这个战略物资，不失时机地对漠北实施羁縻政策。

元朝以后，中国北方对于茶叶的品饮方式发生了巨大的变革，在茶汤里面加奶、加盐更符合蒙古人的口味。从元朝脱脱主持编修的《辽史》《金史》《宋史》中关于茶叶的记载以及出土的相关文物来看，宋、辽、金、西夏对于茶叶的品饮方式依然与中原保持一致。只是平民可能会对烦琐的流程进行改造，会对奢华的器物进行取舍，但那茶汤还是以清饮为主，或煮，或点。契丹、女真还有党项虽然也有游牧传统，建立政权以后，他们已经做了农耕化改造。牧业依然存在，但更多的人过着农耕生活，老百姓都有了房产和田产，人口定居下来，并且编入了户籍，政府对人丁进行征税。

农耕区茶饮和牧区茶饮有了本质区别。首先是器物上，牧区逐水草而居的群众时常收起毡房驾着马车转场，因此陆羽那套茶具带上就纯属累赘了；其次是饮食结构上，牧民在马背上讨生活，习惯了吃混合型食物，他们日常里不能像农耕区一样做几菜一汤慢慢品尝，混炒干粮和流质性食物最便捷。在茶里加奶加盐，很符合他们的饮食需求。有学者考证，最先在茶里加奶的是生活在雪域高原上的游牧部族，生活在高寒地带的他们，长期摄入高热量、高脂肪的食物，确实需要茶来平衡膳食营养，但是他们也受不了这种清汤寡水的滋味。最后是藏区牧民在茶汤里加入了酥，这种喝法在唐朝的宫廷也出现过，例如唐德宗李适就曾在煮茶的时候加入酥，但是这种饮法没有成为中原主流。一则因为酥是牧区的奶制品，在中原农耕区很罕见；二则这并不符合中原的饮食习惯。

高原牧区在茶里加酥加盐的饮法随着部族迁徙，传向了西域和草原。奶茶在元朝时期达到鼎盛，退回漠北的蒙古人依然保持着饮奶茶的生活习惯。大明基于此，制定了更加严密的针对草原诸部的茶叶政策。朱元璋为了巩固这个政策，不惜以杀一儆百的方式处理掉了自己的驸马爷。至此，以长城为界，茶事风格的差别也越来越大。

北方粗犷，南方细腻。北方浓郁，南方清雅。北方宜大锅烹煮，与部落众人联欢；南方宜小炉轻泡，约三两好友清赏。北方茶事，是一首行吟诗，里面有浓醇的乡愁；南方茶事，是一幅文人画，里面有文化人的田园禅室。这种格局，也导致了北方的茶愈加粗老，南方的茶愈加细嫩。但同样在粗老的茶叶中，也不断涌现出了更受北方喜欢的茶产区产品。

"汉茶味甘而薄，湖茶叶苦，于酥酪为宜，亦利蕃也。"《明史》中有关湖南茶场的评价似乎有意无意地将湖南与西北的命运第一次如此醒目地关联在了一起。这种关联，横穿历史直抵当下，长城内外的中国人，不管是战是和，其实早已在一片叶子里融为一体。

当然，这种融合会伴随着隐隐阵痛，历经冲动与惊险，让历史渐次平和。

隆庆四年九月十七日，边关无战事，大同一线的长城上，士兵依然同往日一样，轮流换岗，目不转睛地盯着漠北方向。辽阔的草原在这个季节往往会异常平静，但越是平静越容易发生祸事。大同是明朝九边重镇之一，大同镇平虏卫败胡堡城外的地平线上突然出现了十余骑，正在向长城疾驰而来。城楼上的士兵揉了揉眼睛，然后快速向守城军官奏报。守城军官名叫崔景荣，他走上城楼仔细勘察，这十余骑越来越近，其后没有军队尾随。直觉告诉他，漠北发生大事了。他下令，城楼上的士兵立即戒备，静观其变。

最终这一小队人马抵达城楼下，双方在城楼上下喊话之后，崔景荣得知，领头的那个青年汉子正是漠北土默特部首领阿拉坦汗（也叫俺答汗）的孙子把汉那吉。把汉那吉声称，他带领家眷前来投诚。崔景荣不敢怠慢，将把汉那吉放入城中安顿，然后与之交流事情的原委。把汉那吉说，他的爷爷阿拉坦汗将袄儿都司的未婚妻纳为妾，袄儿都司对阿拉坦汗非常不满，准备组织部族进行报复。于是阿拉坦汗就将自己孙子把汉那吉还未过门的女人送给了袄儿都司。事发之后，把汉那吉觉得自己受到了侮辱，于是带领自己的妻子比吉、奶公呵力哥等十一人出漠北，投向大明。崔景荣在获知事情原委之后，当夜安顿好把汉那吉，便立即写好奏报令快马呈送给宣大总督王崇古。

王崇古还没有收到奏报，漠北的阿拉坦汗已经发现了自己孙子的出走。毕竟是自己的亲孙子，身处敌营，生死未卜。那时候的漠北与大明并没有建立任何的对话渠道，阿拉坦汗第一时间想到的是用草原的方式解决。于是，他连夜召集诸部，快马集结部队，聚合逾十万之众，兵分三路开向长城一线。

王崇古接到崔景荣的奏报不久，边关紧急军情的奏报也一同呈上来了。两件事情，摆在这位精通政治的将军面前，他内心里知道，这也许是一次绝佳的机会，处理好了，至此漠北无战事。在对漠北的局势与未来的战略认知上，王崇古和内阁大学士张居正的很多主张不谋而合，所以他在给内阁报送消息的时候，还亲自给当时身居内阁次辅的张居正写了一封信，阐明了对于处理危机的想法。

当时的内阁由高拱把持，高拱与张居正之间的嫌隙颇深，但是在面对漠北问题时，两个人的意见也是高度一致。在危机降临的这一刻，北京与大同之间快马频传。帝国与漠北的命运就在这些驿传系统的机密文件里。20岁出头的把汉那吉可能连自己也没有想到，自己一时负气出走，竟然就此改变了长城内外的局势。

阿拉坦汗提出的要求是保证自己孙子的安全，如果明朝归还把汉那吉，他就此退兵。明朝也借此提出了要求，要求阿拉坦汗引渡逃亡漠北帮助蒙古人作战的赵全等人。双方在这次对话中进一步加深了了解，谈判条件对于明朝和阿拉坦汗来说都不是什么问题。彼此很快就已经达成了和解的默契，但是双方还在就进一步想要实现的目标做着最后的争取。重开边贸，让更多的茶叶及南方产品能够抵达漠北。明朝的封疆大吏王崇古心里也明白，治边的长久之策就在于重开边贸。百年对峙，乃至蒙古部族的数次越境劫掠，都可以通过互市的形式彻底解决。在互市之后，边关军事重镇摇身一变，成为互市的税赋关口，商业税收可以进一步解决帝国的财政危机。

那时候明朝与漠北依然还是敌对状态，阿拉坦汗、王崇古、张居正、高拱都在盘算着。天意使然，历史选择了要在大同这个地方上演一次边关罢剑。最后经过各方面的斡旋，明朝与阿拉坦汗签署了合约。明朝归还阿拉坦汗的孙子把汉那吉，阿拉坦汗引渡明朝点名的朝廷钦犯；之后阿拉坦汗请求互市，明朝决定开放九边十一处口岸作为互市交易场；隆庆五年五月，明朝封土默特首领阿拉坦汗为顺义王并赐金印，同时对土默特的各级首领军官都敕封了爵位，受封后的阿拉坦汗召集部众，商议制定了管理部落的新规矩，如果哪个部落的首领擅自带兵越过长城为非作歹，就革除他首领的身份，剥夺兵马。如果有哪户人家擅自入边侵扰，就将该户人家的人口、牛、羊、马匹尽数赏给别人。与此同时，明朝也出台新规，严禁将士出边攻扰。

隆庆和议之后，明朝和蒙古再也没有发生过大规模的军事冲突。大同以南的汉人，在家里生计难以为继的时候，就开始走出乡村，将南方的茶叶运到长城一线做生意。一时之间，当年戒备森严的军事重镇成了边贸市场。

距大同约七十公里的得胜堡、距大同一百三十公里左右的杀虎口、漠北边关烽燧，从赵武灵王开始，穿越秦汉，历经唐宋，当契丹人、女真人的身影渐行渐远，公元 1570 年的那个冬天，此后的烽燧再也没有燃起狼烟。

我从乌兰察布前往大同，走在蒙古人当年南下的轨迹上，边关烽燧的残骸还在，汽车穿过当年崔景荣和把汉那吉夜聊的那个城堡，过了省界线，大同城就不远了。我站在王崇古北望的城楼上，仿佛都还能感受到代王府金碧辉煌的官邸、街市上往来穿梭的行人，以及在茶马互市中构建的和平景象。

· 西出阳关的茶人

昆仑山下的夜晚很宁静，雪山上吹来的风消解着暑气，在地图上，方圆 100 公里的范围内就只有这一个村落。往东走，海拔抬升将进入雪域高原；向北走，是塔克拉玛干大沙漠。

古人西出阳关到达这里，将穿过楼兰、焉耆、若羌、且末，然后从于阗往南，进入昆仑山腹地。在文献中我们找不到历史上曾经究竟有谁来过这里，可是在当地老百姓的生活方式里非常醒目地保留着曾经有人来过的痕迹。我抵达这里的时候，正赶上他们的早餐时间。乡里的早餐相对较晚，早起的农人一般会在田里劳作半晌，待日头高照才回去吃饭。乡里的早餐很简单，出门时煨在炉子上的茶，四季吃不腻的馕，一碗茶，一个馕，这朴素的食谱，已经陪伴了他们几个世纪。

在这里，很适合用世纪这个单位来统计时间，因为有很多人活过了一个世纪。老村主任带我在村子里闲逛的时候就遇到过不少精神矍铄的老人，他们或三三两两地坐在绿荫里乘凉，一边聊着家常，一边修理着手中的农具；或躺在自己屋前的大床上闭着眼睛乘凉，茶壶就摆在触手可及的地方，渴了就起身倒一碗茶喝了，然后把碗倒扣在桌子上就又倒

昆仑山下

头躺下。这里到了中午阳光非常炽热，他们已经熟悉了大自然的节奏，没什么要紧的事绝对不会莽撞地暴露在阳光下。祖辈传下来对抗暑热的方式就是喝茶，他们一天到晚会喝很多茶，饭前喝，饭后喝，口渴了喝，客人来了一起喝。

这里不产茶，但是对于茶的需求显得非常迫切，如今的从容生活景象有一个隐性前提，就是国家的边销茶政策对于他们的需求给予了基本保障。他们大多数人讲不出太多的汉语，但是基本上都能够标准地发出"喝茶"这两个音。他们喝的茶都来自湖南安化，我打开手机导航，输入茶厂的地址，在自驾规划的线路上，两地相距4629.7公里。这杯茶跋涉的距离让我震撼！一百年前，这一杯茶入资江过洞庭，到达汉口，然后一路北上，从陕西到甘肃，沿着古丝路穿越河西走廊，西出阳关，穿过那些古西域绿洲市镇，然后在县城里分装，被茶商用骆驼驮着运往昆仑山下的这些古村落里。

站在村口的绿荫下，让我震撼的除了这些茶跋涉的空间距离，还有就是生活在这里的饮茶人。在这个有八十多户人的小村落里，有三位老人出生在一百年前。他们出生的时候，刚发生五四运动，从中华民国到新中国，经过改革开放抵达眼下。这一百年对于中国而言可谓沧海桑田，于他们而言，这不过是三万六千五百多个喝茶的日日夜夜。这些年，人类在生命科学领域取得了很大的突破，有报道称，在21世纪，人类有望将平均寿命推向100岁。全世界在都市里生活的人们听到这个消息的时候内心可能都会暗自窃喜，但昆仑山下的这些老人不知道这个科研突破具体有什么意义。100岁，他们已经习惯了面对我们所认为的生命奇迹。

这些依然健在的老人生命状态很好，思维清晰，看到外地人进来，会主动让老村主任做翻译与我交流。我在一个102岁的老奶奶家里，她卧在炕上，一只手撑着下巴，让老村主任问我是从哪里来的。当老村主任告诉她我是从湖南来的时，她眼睛里闪烁着非常惊喜的光芒。她没去

昆仑山下的长寿老人，今年 98 岁了

昆仑山下的百岁老人，今年 102 岁了

一碗茯茶一个馕，昆仑山下的简单食谱

过湖南，可能都不知道湖南在中国地图上的哪个位置，但是她熟悉湖南，每天早上起床煨起的茶叶就来自湖南。她让她的重孙子从家里抽屉里拿出了一片茶叶，指着茶叶朝我说了好长一段话。老村主任最后翻译说：她在告诉我，她喝的这个茶叶就是来自湖南。年轻的时候，长辈对她说这个茶是用船运过来的，她不明白船怎么能到他们村，于是在村口等着看运茶的人，最后她才知道，那是骆驼运来的，骆驼是沙漠里的船。

从她家出来，老村主任说村里还有一个百岁老人，他带我去他家看看。到了他家门口，门没锁，老村主任在他家屋里找遍了也没寻见人。邻居说老人今天赶集去了。闭塞的乡村里，有很多转乡的商人用三轮车驮着一些生活物资到山里摆起临时的集市，沿着一个固定线路，一个月转一圈能挣不少钱。老人没在家，门也没锁，门口贴着他的建档立卡信息，姓名后面就是身份证号码,透过身份证号码,代表他出生年代的 1919 映入了我的眼帘。

事实上,在塔里木盆地边缘的这些村落里,长寿已经是一件很平常的事情了。早在 20 世纪 80 年代的时候,世界长寿之乡考察团的专家就在这里的一个村落里发现了七名百岁老人。专家们还曾驻扎在村里观察他们的生活。日出而作日落而息的生活状态、乐观积极的心态、清淡的日常饮食、长期饮茶等诸多因素组合在一起,人类的生命奇迹就此诞生了。也因此,塔里木盆地边缘的这些村落因长寿而闻名于世。

在后来的报道中,有人对长寿村里百岁老人的粪便做了检测,在老人的粪便中检测出了数量高于常人的双歧杆菌(Bifidobacterium)。双歧杆菌是一种益生菌,对于人体具有生物屏障、抗肿瘤、增强免疫、改善肠道功能、抗衰老等作用。如今为了改善肠道菌群,我们会刻意在很多饮料和食品中添加益生菌。但是这些百岁老人的生活饮食结构中,以发酵面团做成的馕,以发酵的茶叶煮成的饮品,在摄入他们的消化系统之后,在肠道内自然增殖了双歧杆菌,在他们的身体内形成了一种天然的保护屏障。

我们对发酵食品的食用萌芽很早,但认知体系还处于一个不断完善的过程中。中国茶在中原地区的主流审美和品饮一度演变成了人们的生活习惯,但这只是对茶叶利用的一种可能。发酵茶

兰州“兼理茶马兵部”字样的碑文

所产生的益生菌对于改善肠道菌群、平衡膳食营养的作用已经得到了证实。如今，市场上的茶叶商家在宣传上不断强调饮茶的诸多好处，其终极好处不外乎就是改善人的生命状态。长寿，可谓是达成这种改善的一种终极诠释。我们在科研上发现的有关饮茶的所有好处，其指向的消费动机不就是要延年益寿嘛！

我们自满于自己的文化水平，于是给茶赋予了文化功能，又把茶文化归纳成了连篇累牍的知识点，这些知识点给我们为什么要喝茶找了无数理由。回过头来，当面对长寿村的那些百岁老人时，他们什么理由也不需要听，自己天天喝，客人来了请客人喝。每人一碗，微笑着一饮而尽。

雪山下的夜晚很冷，屋里生起了火。大家坐在床前，围着茶壶，啃馕，吃馕坑肉。长寿村的老人没有饮酒的习惯，茶的暖意在那样的夜晚被进一步凸显。我记得，有个茶学教授曾经发表过这样一篇文章，主要讲饮茶饮酒和社会治安的关系。他的文章中说这片区域的人好酒，所以社会治安很差。我想说，这是一个巨大的误解。因为那一夜，我在现场，那是一个祥和的夜晚，老人小孩都围着火炉，满屋里飘荡着茶香。

究竟是谁把茶叶千里迢迢运至了昆仑山下，面对这个问题，文献几乎是处于集体失声的状态。古阳关和古玉门关也早已荒废，在这些古遗址的考古中几乎没有发现任何与茶有关的痕迹。与此同时，蜚声中外的敦煌学里，也仅仅从敦煌遗书中找到了一篇《茶酒论》，茶作为大宗商品西出阳关究竟源于何时？对此学界一片沉寂。

当年张骞"凿空"西域之后，汉武帝随即发起了对匈奴的决战，霍去病带领骑兵迅速突击并占领河西。之后，开启了中原王朝对于河西地区的开发与经营。这片夹在雪域高原和蒙古高原之间的狭长地带，具有宜农宜牧的气候。东汉末年，中原战乱，很多关中的门阀士族迁居河西避难。他们的到来，不仅加速了这里的经济发展，同时也将中原的文化注入这里。两晋时期，河西文化成了一个重要的学派。当中原地区因战

茶路行者穿行沙漠

乱而陷入疲困之际，河西地区为很多人撑起了一片小天堂。进入隋唐以后，河西的发展进一步提速，隋炀帝曾亲自抵达河西，并且在今天的张掖地区组织了一次"古丝路"诸国的"世界博览会"。唐朝在隋朝的基础上进一步巩固河西、经略西域，古代帝国也在这个时期被推向了鼎盛。

彼时的河西，已经超越了一个边地的范畴和定义，各种思想以及艺术流派在这里发生了剧烈的碰撞与融合。河西学派，以各种方式参与到一些重大的主流文化建设之中，这其中也包括茶文化。

成书于盛唐时期的陆羽《茶经》一直以来被茶学界奉为圭臬。唐朝诗人皮日休在其《茶中杂咏序》中提到"太原温从云、武威段�之各补茶事十数节"，这些内容后来经历数次转写，已经与陆羽《茶经》原本混在了一起。大唐茶事，从茶产区到《茶经》的文本形成，一开始就有河西人的参与。

如今，我们走进河西，从武威到张掖，再到嘉峪关，这一路上会遇见很多与茶有着隐性关联的遗迹。陕甘总督府立下的石碑上署有"兼理茶马兵部"的字样，武威街头由茯茶组合起来的休闲食品中还带着当年左宗棠西征时留下的故事，张掖山丹军马场的老军工还能给你讲起"茶马互市"的往事。被誉为"天下第一雄关"的嘉峪关在明朝保守的边贸政策里阻挡了很多意欲东去的商人，他们没有"关照"，在嘉峪关外留下了终生的遗憾。这些或隐或显的遗迹都指向西域与内地在茶上的关联，但是非常遗憾，有很多关联都像西域沙漠中的那些古城一样，给我们留下的是数不清的谜团。

但是也很幸运，由于古西域人对于茶的诉求一直在，穿过历史的层层障碍，在晚清时期，西去东来的商人贩运茶叶的记录就越来越明确了。其中规模最大的当属武威的马合盛家族。嘉庆年间，武威著名学者张澍在他的诗中说："载来纸布茶棉货，卸到泾阳又肃甘。"这首诗讲述的就是马合盛家族在西北的茶叶贸易。

新疆馕配茯茶

茶马互市的另一个现场山丹军马场

马家经营西北茶事由来已久，早在雍正年间，年羹尧用兵西北的时候，马家人曾组织自家驼队协助年羹尧做后勤运输。后来在论功行赏的时候，年羹尧将马家的功劳奏明了雍正，雍正赐马家"永盛"二字。至此，马家成了清代持有"龙旗"的官商家族。他们在兰州设立总柜，专门向政府申领茶引或茶票，然后交纳税银完成备案。采办分号提前就已经抵达了湖南安化，在那里采收茶叶，通过水路运输抵达汉口，然后再由车马运输到泾阳，在泾阳加工成茯茶之后运抵兰州，向政府交齐剩余的税额，之后运抵各销区分号销售。

马合盛家族的茶叶贸易与清朝的命运紧密地捆绑在了一起，他们在政策倾斜下获得了西北茶叶贸易的垄断权，一度掌控着西出阳关的茶叶销售渠道和市场主导权。清廷乐于扶持这样的代理帮他们处理好西北茶事。一百多年下来，马家与大清形成了命运共同体的关系，每每大清朝廷遇到重大困难时，马家也是及时慷慨解囊。1840年，鸦片战争爆发时，马家茶庄义捐十万两白银；光绪初年，左宗棠发兵西征，马家茶庄再次义捐十万两白银。1900年，八国联军侵华，慈禧携光绪西逃，马合盛茶庄北京的东家马香甫向朝廷义捐白银十万两。马家也因此获得了极高的荣誉，慈禧赏穿黄马褂，光绪将宫女许配给马香甫的两个儿子，左宗棠为马家题字。这些荣誉的背后也凝聚着以马合盛家族为代表的茶商在西北的付出，从兰州过河西走廊，驼队沿着古丝路去往那些未知的远方。我们很难想象这其中将要面对的各种艰难险阻。

如今，古阳关依然在，那个烽燧残骸的标志矗立在山间，站在那个烽燧下面向西望去，是一片茫茫戈壁和无边的大漠。从这里出去，距罗布泊的边缘大约只有一百多公里，一百年前的罗布泊还没有干涸，楼兰古国就在罗布泊的西北角，过楼兰，北去焉耆、龟兹；南通若羌、且末、于阗、莎车、疏勒。古丝绸之路掩盖了太多无声的信息，千年之后，匈奴的战马似乎还在那些古城遗址的秋风中嘶鸣，大汉公主和亲的仪仗翻山越岭、踽踽前行。在甘肃敦煌与瓜州之间的一个古驿站里，在考古挖掘出来的汉代竹简中，我们还原了很多两汉与西域的互动信息。丝绸之路上，流通的商品大多产自中原，但是控制这条贸易线路的却是西域商人。而贯穿于西域各个绿洲村落之间的自由商贸通道，给古西域这片土地带来了一种世界性眼光。所以美国学者斯塔尔评论道："在数世纪的文化繁荣中，中亚是世界的知识中心。"

鸦片战争以后，开眼看世界的林则徐被贬到西域，在那里他依然以一个古代士大夫的视角思考着家国天下的重大命题。他发现了古西域的问题，写成了自己的随行笔记。当朝廷召他回去的时候，他刻意在长沙做了停留。他要在那里见一个叫左宗棠的年轻人，他"先天下之忧而忧"的士大夫情怀，使他需要把自己在西域的所见、所思和所感都传达给那个年轻人。他没有看错，如同陶澍当年推荐自己一样，他把那个湖南后生推向了历史的前台。很多年后，清廷在各种战败和丧权辱国的条约里连续丧师失地之后，唯有左宗棠与西北给这个民族注入了一丝尊严与信心。左宗棠平定西北之后上书朝廷，要在这片广袤疆域上建立行省。清朝在"同光中兴"的回光里组织人力，派遣官员奔赴那片土地。

清朝在左宗棠之后，为那里制定了很多有益于长治久安的制度，其中就包括茶政。左宗棠的茶政扭转了官茶的积弊，刺激了商茶的积极性。在河西茶路畅通之前，山西的旅蒙商就开辟了穿越蒙古的"小北路"，在左宗棠用兵西北的时候，他们更是开辟了出张家口可以直达哈密和乌鲁木齐的"大西路"[1]。至此，去往西北的路四通八达。如今我们再回过头去看，在仅有的文献中搜索关于茶的信息时不难发现，清廷在截至光绪晚期的时候，在西出阳关的广袤疆域上已经建立了一个效率很高的、庞大的茶叶贸易系统。

---

[1] 详见秋原，《旅蒙商述略》，新星出版社，第138页。

光绪三十四年，公元 1908 年，新疆奇台县：一官茶，自内地运入本城，以前每岁销售二三千箱，现在私茶充塞，官茶无人过问，所销不过数百箱。

光绪三十四年，公元 1908 年，新疆昌吉县：奇台县官引分销砖茶七八百块。

光绪三十四年，公元 1908 年，新疆库尔喀喇乌苏：又官茶一自古城奇台运入，北关市镇每岁销行千余块。一自塔城运入，在蒙古旧土尔扈特游牧地每岁行销约五千块。

光绪三十四年，公元 1908 年，新疆伊犁：湖商晋商之茶斤，蒙古哈萨克之牲畜，均行销于境内。

光绪三十四年，公元 1908 年，新疆精河：按官茶，一自省运入，一自古城奇台运入，在本境南关市镇，每岁销行约千余块，在博罗塔拉蒙古游牧地，每岁销行二千余块。

光绪三十三年，公元 1907 年，新疆温宿：又官茶自内地陆运入境，在本城销售，每岁亦只数百块。

光绪三十四年，公元 1908 年，新疆焉耆：官茶号系官商，乾益升地由湖南安化运来茶砖，开办多年，甚便民食，往年能销二十余票，近销路较滞，改作山茶，每年均销八九票。

从这些资料中我们可以看到，在地理空间上，从天山到昆仑山，从准噶尔盆地到塔里木盆地，沙漠戈壁，高原雪山，晋商、陕商、甘商……他们组织起了一个超大规模的商帮，以惊人的毅力和不畏长途跋涉的精神，赶着骆驼穿越那些自然地理空间里的"死亡地带"。这些茶不管是论斤卖还是按块卖，当他们九死一生抵达目的地的时候，那茶已经超越了一件商品的意涵。

在《新疆乡土志稿》中我们可以发现，抵达这些地方的湖南茶商应该不在少数，因为湖南元素多次出现在销区商品交易记录中。地理空间的闭塞，使当地还没有条件统一度量衡，那就以常见常用的方式约定俗成了。难怪昆仑山下那些老人在得知我来自湖南的时候，眼睛里会释放出一种惊喜的光芒。

　　光绪三十四年，1908 年，距离我见到的这些百岁老人出生也就仅仅隔了十年。算下来，这些老人的父辈可能与左宗棠生活在同一个时代。那一刻，我感觉自己跨越 4629.7 公里的距离见到他们是一种历史性的安排，因为我穿越的不仅仅是空间，更是跨越了时间。一百年形成的日常生活习惯，让我们手中的这一片叶子，有了一种无声的厚重感。

　　那天晚上，整个村子都熟睡了之后，我悄悄打开手机，在微弱的信号里定了个位：东经 81.43 度，北纬 35.06 度，一个藏在昆仑山下的小村落。

第三章 · 回访晋商

· 老掌柜的遗言

应该说，中国历史上的商人十分不易，他们处于社会最底端，一直找不到自己的文化归宿。所谓的"儒商"，其实是商人应对社会主流意识形态而做出的巧妙妥协，给自己安插上"儒"的标签，可以得到士大夫的尊重。"儒商"是中国古代商人的最高荣誉，比现如今的福布斯排行名次还重要。

尽管我们的商业土壤十分贫瘠，但是在明末清初的时候，还是诞生了一些久负盛名的商帮，晋商就是其中之一。他们从晋中平原走出去，最后又带着财富回到原点。他们的财富规模究竟有多大？我们只需要到祁县或是平遥去看一看，那些人去楼空的大宅子里，作为票号的各类设施虽然百年前就已经停止运转了，但从柜台到账房到金库再到职业经理人的办公室，完整的场景保留，你会感觉，其实他们从未离开。

我到达晋中平原，落脚地选在了祁县，那里曾经是晋商经营茶叶的一个集散地。到了那里，就能感受到晋商与安化之间的紧密关联。祁县老街曾经也是繁华一时的北方商贸街，斑驳的老街墙壁上，都还能隐隐约约地见到那些老字号的痕迹。祁县老街上的一位朋友说，这条街上曾

山西晋中平遥古城

经和安化有关联的一些老字号都被湖南人给注册了。安化黑茶如果要找最为辉煌的历史存在感，那肯定是在晋商时代的那一页。

　　晋商的发迹有非常特殊的历史背景。晋中平原，这片缺乏资源，人口又十分密集的土地，逼迫着很多人必须要主动选择背井离乡谋生存。"隆庆和议"之后，长城一线开放的边贸互市口岸成了他们讨生活的地方，东出张家口，西走杀虎口。在老家待不下去的晋中人开始成群结队地涌向长城边。一曲《走西口》，是一个漫长的时代缩影，传唱的是一方水土上维持了很长一段时间的社会现象。那群披头散发，将生死交给远方的农民，将异常隆重地进入中国商业史。

　　在长城沿线参与互市的除了明朝认定的合法交易人土默特部族之外，万历年间，重新在东北崛起的女真族也开始参与到互市之中。努尔哈赤

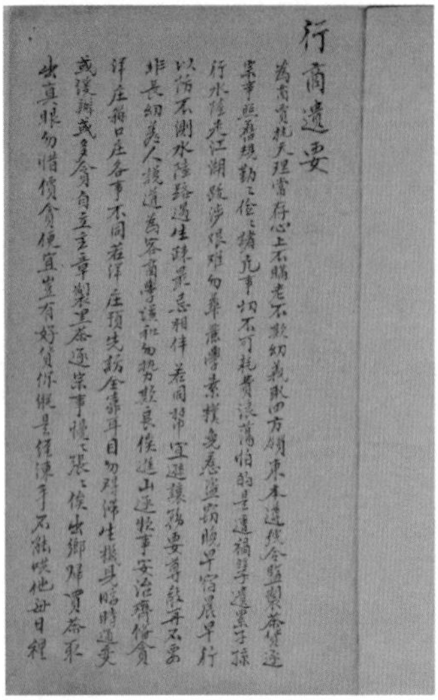

晋商手抄笔记文献《行商遗要》

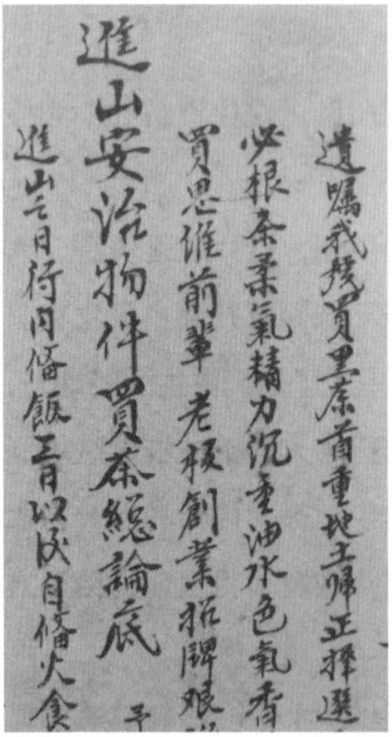

文献中晋商留下的遗嘱

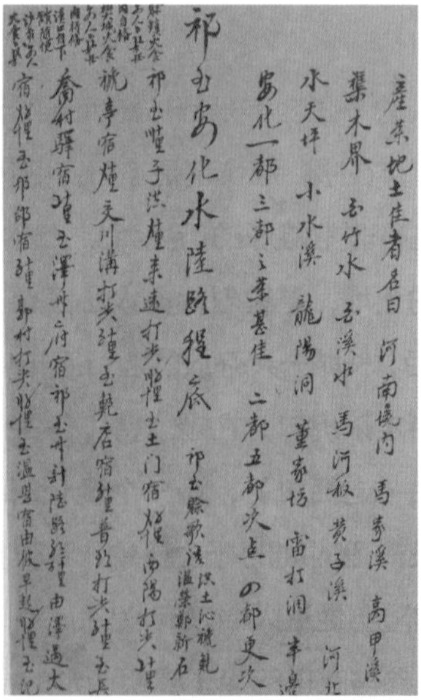

文献中对安化资江南岸茶叶产区的罗列

晋商的账册

晋商的各种账本及笔记

在统一了女真各部落之后，建立了后金汗国，他们将自己称为后金，通过对几百年前创造过辉煌历史的祖先进行追认，以此塑造想要振兴祖业的理想。在他们创制的八旗制度下，专门设置了服务于军事补给的八旗买卖人，他们都是受到旗人信任的包衣奴才，紧随军队出行，在大军过后，与长城沿线的内地买卖人互市。兵荒马乱的年月，普通老百姓避之唯恐不及，但从晋中平原上出来的买卖人已经驾轻就熟地与八旗买卖人做上了生意。

那时候八旗买卖人采购的主要有绫罗绸缎及棉布，还有就是茶叶、食盐等生活物资。后金的饮茶方式没有继承祖先的那一套习惯，而是几乎与蒙古人相近了。他们趁大明在内忧外患自顾不暇之际，开始实施他们在北部边疆的拓展策略。很快，漠南蒙古诸部并入了他们的版图。1636年，皇太极在沈阳登基称帝，改国号为大清。这件事情对大明的触动非常大，在大明政治精英的眼里也许事发突然，但事发之前，在山西北部的生意人就已经预感到了东北即将有大事发生。

在皇太极登基那天，从龙袍到文武百官的礼服，再到仪式现场的旌旗、装潢，乃至新皇帝赏赐满蒙王公群臣的礼物，那些华丽的丝绸与大量的茶叶，全都产自中原。从努尔哈赤起兵反明开始，大明朝廷就对后金实施了经济封锁，甚至还在山海关一线坚壁清野。他们是如何突破封锁，获取到这些"违禁"物资的呢？

皇太极为了筹备登基所需的物资，专门发起了一次对中原的长途奔袭。那次奔袭没有按照惯例从喀喇沁蒙古左翼牧场借道，而是一路向西从内蒙古赤峰攻入长城，然后向延庆与昌平移动。最后攻入十三陵焚毁了明熹宗的德陵，作为对天启年间明军毁坏房山金陵的报复。当大明朝堂上还在围绕这次报复行为讨论的时候，清军主力已经快速抵近了居庸关，其目的在于切断京师和大同的联系，然后八旗买卖人从土默特蒙古右翼进入长城，与山西买卖人做起了交易。那次交易，八旗买卖人采购了大量的绫罗绸缎和棉布、茶叶、笔墨纸张等货物。一些看似很微不足道的商业信息，有时候可以预测即将发生的足以左右历史进程的大事，这一点古今皆然。就像 2016 年美国总统选举的时候，中国义乌的小商品生产商比国际政治学者更准确地预测出了特朗普将当选总统，理由很简单，因为他们拿到支持特朗普的小旗子订单是支持希拉里的小旗子订单的十倍。同样，第一批知道东北即将发生大事的就是山西买卖人，这次采购绫罗绸缎的数量空前、规格空前，有些布匹的尺寸与色泽还存在僭越之嫌。羸弱的明朝没有时间过问这些买卖人，因此只要对方给得起价钱，买卖人都会尽力满足对方。很可惜，这些信息没法进入大明的朝堂，大清的骑兵退回关外以后，满朝文武可能已经渐渐将这次事件淡忘了。但没想到，仅仅一个半月之后，皇太极登基，消息很快传到了北京。

这个消息对山西买卖人来说，可能不过是印证了某些大胆的猜测，他们心里肯定会认定这是一个利好的消息，因为截至当时，他们依然是连接中原与东北之间的贸易枢纽。绸缎、食盐、茶叶这些货物有利可图。因为他们除了货币交易，还可以交换长白山的人参，那在明朝控制的南方，特别是富庶的江南可以创造十倍甚至百倍的利润。

皇太极登基之日，一手拿着大元皇帝的传国玉玺，一手拿着顺义王金印。玉玺成为掌控蒙古的一个权柄象征，金印成为与明朝互市的合法凭证。大明忽略了这个巨大的漏洞，因此严防死守的山海关并没有发挥其应有的作用。对于东北的茶叶供给一直没有中断，反而大明内部对于长白山人参的追捧在慢慢倾斜贸易的天平。

大清入关以后，八旗买卖人编入内务府，成为内务府官商，掌控着国家对边疆地区优质特产资源的贸易，这其中就包括茶叶在草原上的运营权。内务府成了皇帝的小金库，只是大清皇帝的小金库与其他朝代有所不同，它更多的收益来源于商贸。内务府除了直接参与商贸活动，同时也会有针对性地投资一些买卖人。大清时期，获得内务府青睐的绝大多

戈壁滩上的胡杨树

古城里晋商遗迹

数买卖人都是山西商人。

　　大清与山西商人渊源颇深，努尔哈赤早在起兵之初，历数了对明朝的"七大恨"。就在发布"七大恨"那年，努尔哈赤在战争中俘获了大量汉民，里面就有山西买卖人。努尔哈赤没有为难他们，而是将他们释放，配发了回乡的盘缠，并且鼓励他们继续和自己的部族做生意。大清后来对山西商人的信任也多来源于此，山西商人组成的商帮也在内务府里面组成了单独的机构，他们帮助清廷打理着草原上的各项买卖。

　　后世将这个商人社群称为晋商，一个晋字似乎就已经锁定了这个商帮的地域，字面上感觉他们会结成地域宗族联盟，但事实上晋商最大的突破就在于摆脱了地域、宗族的束缚。他们要破除"富不过三代"的生意诅咒，于是苦心孤诣地设计出了一套使买卖避免沦为家族生意的制度。

晋商票号日升昌掌柜接待室

在这套制度里，他们将所有权与经营权相分离。创制之初，连他们自己可能也没有意识到，这一举动将开创历史。因为标志着中国民族资本主义萌芽的正是这种雇佣关系的出现。两宋的经济体量和繁荣程度都已经达到了巅峰，但就是缺少了这种对制度的开创，中国民族资本主义姗姗来迟，但总算还是让这些生意人给探索出来了。

在我掌握的资料里，有大量晋商老掌柜留下的行商笔记，笔记记录的内容非常丰富，除了商业上的一些温馨提示和经验总结，也包括草原上的民情概况、风俗世故。促使晋商养成写笔记习惯的是大清从康熙年间开始的对准噶尔战争，战争持续了七十年，从康熙年间断断续续到乾隆年间才彻底结束。在这个阶段里，理藩院会大量收集晋商在草原上的笔记，对有价值的内容给予奖励。理藩院将这些信息整理加工，最后交给八旗军方，成为重要的军事情报。至此，大清内务府构建贸易渠道的同时也完善了一个帝国情报网，那些随八旗贵族一起入关的包衣奴才和晋商一起监视着大清的江山。曹雪芹家的祖先在帮康熙监视江南士绅，而晋商的祖先也在帮康熙监视漠北诸部。

晋商从早期开始，就形成了对社会的敏锐洞察，他们由表及里，独具慧眼，往往能够见微知著地发现销区的一些潜在需求。一代代老掌柜，在自己的笔记里留下他们的经验，这些经验也是一笔宝贵的财富。在士大夫的视线之外，我们透过这些经验几乎看到了另一个视角下的完整世界。这些不同时代的老掌柜，前前后后离我们而去，那些笔记里，有他们引以为荣的探索，有他们历尽艰辛的跋涉，有他们用尽一生归纳总结、想要留给后人的遗言。

晋商的制度创新体现了他们的先进性，与此同时，早期的晋商在贩运货物时喜欢绕越关卡，并且将每一次绕越关卡的路线记录下来，然后总结成内部经验。这样做一方面是为了减少明朝对他们的税赋盘剥，同时也趁机贩运一些诸如茶叶之类的违禁物品。慢慢地他们都变成了"商业地理学家"，过去中原连通西域的古道要经过河西走廊，而这些"商业地理学家"探索出了一条从漠北抵达西域的新商道。康熙在对噶尔丹发起攻击的时候看上了这条商道，那是一条出奇兵的行

花卷茶

军线路。在战争结束之后，这条商道成为晋商手上掌控的一条贯穿欧亚大陆的贸易通道。

在山西介休，一个内务府充投晋商张家口买卖人范毓馪的墓志铭上记录着这样一段晋商往事。

墓志铭是乾隆年间一品衔协办大学士汪由敦撰写的，洋洋洒洒的文字间，表彰了范毓馪在康熙亲征噶尔丹和雍正对准噶尔用兵时负责军事后勤运输的壮举。军粮属于大宗物资运输，同时又需要一定的隐秘性，古代战争中向来就有"兵马未动粮草先行"的古训，在很多实战中也有因为敌方断其粮道而改变战局的。范毓馪名义上是一个内务府商人，但其实已经充当了那一次帝国军事行动的粮秣官，直接关系战局的发展。据相关资料显示，清军的单兵月供给包括粮食24斤，羊半只，茶叶一块，各类常备药物若干。康熙五十四年对准噶尔用兵，军队人数为59000人。骑兵的马料，清朝士兵定期换洗的衣物，篦头打辫子、刮脸修指甲所用的工具，营房，帐篷，茅厕消毒用的石灰，士兵如厕用的豆纸等都是必需品。对于这样一个庞杂的需求清单，户部只能抓重点，例如粮食、马料和军械。其他细碎物品，只能特许一些商人随军做买卖。因此，在八旗军营中多出了一个主要由晋商组成的"买卖营"。户部对于重点物料的运输做了一个预算，要切实保障前线供给，每石物资的运费需要120两银子，而范毓馪的报价是每石40两。

范毓馪经过精密的测算，在新开辟的漠北商道上，选择重要节点修建储粮转运仓，以此形成一个个独立的运输节点。从东到西，先后建立了赛尔乌苏、乌里雅苏台、科布多等多处转运仓。转运仓站点辐射周边，从漠北直接可以连通哈密、乌鲁木齐和伊犁。当范毓馪在规划路线，组织商队运输的时候，随军"买卖营"里一个叫王相卿的年轻人也开始了他的随军生意。这两个人没有见过面，但是他们树立起了晋商的两杆旗帜。一个是代表内务府的"张家口买卖人"；一个是发迹于随军"买卖

安化官茶包装

内务府官商茶叶包装的龙票

营"的民营商号大盛魁。对漠北的商业地理发现激活了口外贸易，无数的商队沿着范毓馪走过的运输线路抵达漠北的各个集镇，等到大清控制漠北以后，大盛魁的商号已经开遍了草原上的各个口岸。雍正六年，大清与俄国签订了《恰克图条约》，条约中规定将在恰克图开放贸易口岸，晋商以恰克图为跳板，开始将贸易深入亚洲腹地和欧洲各处。晋商贸易的物资内容很丰富，但是这其中最为大宗的还是茶叶。大盛魁经营的砖茶享誉漠北，茶叶也沿着出恰克图的口岸走向了中亚和欧洲。因此，这条通道又被誉为"晋商万里茶路"。

用我们今天的视角来看，跨越茶叶产销区的万里行程开创了人类史上继"丝绸之路"后的又一个奇迹，它跨越多个地理区域，穿过多个气候带，从产区的茶山运到销区的草原、沙漠。在那个年代，行船走马，驼背驴拉，一路上主事的老掌柜得和多种人物会面、协作、谈判。做了一辈子生意，能够处处化险为夷，那本身就透着一种厚重的人生智慧。他们是一群被历史选中的人，处处用行动证明着自己。他们留下的笔记像他们临终前的遗言，笔墨之间絮絮叨叨地牵挂着后来者。他们笔下的茶路与他们一生的行走一样壮观，有些已经成了理藩院或是军机处的绝密，有些已经融进了自己商号的信仰，有些成了后世学徒的教案，有些至今还在激发我们的灵感。

回到祁县，回到那条由很多个老茶行组成的老街，在老街有一座可以与乔家大院相媲美的院子。院子现在归当地文物部门管辖，院子开发之初，主管领导向民间征集文物，其中一个蓝皮线装手抄本册子引起了专家的注意。册子的封面上没有任何字迹，翻开册子，扉页上写着"行商遗要"四个字，然后直接就开始了正文。这类册子在山西民间还有很多，有同名的，也有叫《行商纪略》的，还有叫《行商路程》的，都是各类抄本。有些字迹潦草，像是听课笔记；有些字迹工整，像是借阅传抄。被激活的晋商茶叶贸易，用这种方式快速培养了大量的产业从业者。

不管是哪种版本的行商笔记，它们有一个共同的特点，那就是专注于实用性，内容包罗万象。我们打开祁县文物部门收藏的那本主流的《行商遗要》，开篇就讲商人的行为准则，"为商贾，把天理，常存心上。不瞒老，不欺幼，义取四方……"中国古代商人里面的佼佼者都有极高的自律意识，这与儒家的文化土壤息息相关。讲完思想行为准则之后就干净利落地切入具体的业务内容。《行商遗要》内涉及的业务是到湖南安化去贩运茶叶，因此开篇首先介绍安化，安化有哪些地方，寥寥几笔说清楚了，就开始阐述安化境内的茶叶情况。"产茶地土佳者名曰河南境内马家溪、高家溪。"河就是指资江，河南境内就是资江南岸。高家溪和马家溪是资江南岸深山里的古村落，以产茶著名。《行商遗要》是晋商的学徒教材，里面很多结论都是历代先辈耗尽一生总结出来的，所以书中的语气处处斩钉截铁。不过他们确实有这个底气！

《行商遗要》找不到具体的作者，是晋商队伍里到安化从事茶业者的集体智慧，我们不知道他们具体耗费了几代人的心血才凝结出了这些经验，从选茶的经验，到行走路线的经验，最难得的是书中还有对部分路段的天气预测，特别是洞庭湖上。不知道在大风大浪里翻掉了多少运茶的船只，活着的老掌柜记录着哪年哪月哪日在这一处水域发生的事故。历代掌柜会对内容做增补删减，我先后对比过多个版本的行商笔记，从内容的差异来看，删减增补的唯一原则就是可操作性。笔记对很多内容的细节描述得非常详尽，例如到山里置办千两茶，踩茶工需要几个，不同工种价格有差异，踩茶工的午餐费用算谁的。这种细致程度，几乎可以保证一个初出茅庐的生意人只要谙熟这个册子的内容，也能像模像样地装作老掌柜。

纵然茶商笔记的变化很大，对于"产茶地土佳者"各商号也有不同的偏重，但是"高家溪、马家溪"却无一例外地出现在了诸多遗要版本里。围绕这两个古村落的周边，也被一些《遗要》列入了名单，例如老街版《遗要》就将蒋家村也写进去了。《遗要》内容是晋商长期实践选择出来的，是历经历史总结形成的行业经验。

我们要感谢那些老掌柜对这个经验的坚守，每个老掌柜都是从年轻学徒熬过来的，年轻时候思维活跃，充满叛逆，只有历经一生之后才会由内心沉重地吐出箴言。在晋商笔记里，很多关键的正文末尾都会留下老掌柜的遗嘱。那是一种规劝，劝你不要赌博嫖娼，劝你不要饮酒误事。我整理了很多遗言，老掌柜最为苦口婆心的还是有关茶叶的品质。好茶价高，但是商号的声誉是历史性积累的，不能贪图便宜有损商号声誉。为此，我特意整理了一条遗嘱，全文如下：

遗嘱：我号买黑茶首重地土归正，择选产户潜心之家，预闻留心上年末摘子茶之货，必根条柔气，精力沉重，油水、色气、香味种种皆佳，内外明亮，满碗具清，此茶用心切买。思维前辈老板创业招牌艰难，历年已久，宜深审辨，勿惜价而弃之。戒之！戒之！

正是这种坚守，让安化黑茶有关品质的信息能传承下来。后来彭先泽回到安化，并把自己的后半生都献给了安化黑茶事业，在他所著《安化黑茶》一书中，将"高家溪、马家溪"列入品质特佳的高山茶产地。[1]在讲述黑茶贸易的时候，又建设性地将这两个地方合在一起简称为"高马二溪"，他在书中强调看茶样的注意事项，以"高马二溪"茶为例传授看茶样的经验。[2]彭先泽是民国时期著名的农学家，当他的一些结论与晋商的一些经验高度吻合的时候，我们就不得不提醒自己，要相信历史的选择！

新中国成立后，我国著名的茶学家陈橼教授在编写《制茶学》教材的时候，在安化黑茶加工的那个章节，当谈到千两茶的时候，有一句是"采

---

[1] 详见彭先泽，《安化黑茶》，线装书局，第一版第一次印刷，第33页。
[2] 详见彭先泽，《安化黑茶》，线装书局，第一版第一次印刷，第71页。

用高、马二溪（高家溪、马家溪）的优质黑茶，精工细制，品质优异"[1]，百年前晋商老掌柜留下的遗言，八十年前农学家彭先泽的印证，半个世纪前高校茶学系的肯定，他们反复提到的这两个名字，经过安化人的慎重思考，在十余年前，像彭先泽提的那样组合在了一起。一个全新的品牌在安化诞生了。它拥有晋商老字号一样的历史信息与资源，它拥有得天独厚的原产地，它成了众多茶友在安化黑茶嗜好环境下追逐的热点，它凝结着一代安化人对黑茶的理解，历经十年的磨砺，它蜕变成了安化黑茶产业中一个举足轻重的品牌。它直接切中了老字号的灵魂，对历史资源进行了创造性的利用，它就是高马二溪！

[1] 详见陈椽，《制茶学》、安徽农业大学出版社（第二版），第228页。

· 茶路姻缘里的双城记

　　在北京朝阳区四惠桥东侧，那里有一幢两层楼的仿古建筑，在建筑最醒目的位置挂着"晋商博物馆"五个大字。走进去，有关晋商和"万里茶路"题材的展区内容非常丰富。晋商的算盘、账本排满了一面墙，其中有一面墙非常有意思，那上面挂满了晋商的"信用模具"。所谓信用模具就是晋商曾经使用过的票据印版。这种印版，在晋商经营过的产业链上下游之间散落着很多，湖南安化茶农的后人手上也有。

　　在 2014 年 CCTV-10 播出的《茶叶之路》纪录片第四集"两湖茶事"里，提到了一块矗立在安化高马二溪村山上的"奉上严禁"石碑，立碑者是道光四年的一个五品知县，从碑文对茶事的规定，到立碑的等级都超出从前，因此大家对禁碑所在的这片茶园青睐有加，守在这片茶园边的老百姓也在重新回顾自己的家族与茶相关的历史。山上有个姓谌的茶农家，手中有一块刻着"高家溪"字样的印版。那块印版就是当年晋商到湖南安化高马二溪一带收购茶叶时的凭据。在高马二溪品牌创建之初，这块印版的拥有者作为创始人之一，将印版作为品牌宣传的亮点四处活动。很多早期熟悉安化黑茶高马二溪的人对这块印版有较深的印象。前

矗立在安化高马二溪村山头的"奉上严禁"碑

晋商的票据印版

买卖城主街道

不久在安化，有不少人私下里和我说，那块印版是那位木匠出生的创始
人自己私下里刻的。一时之间我也难分真假。

　　印版确实是晋商在商业活动中留下的信用凭证模具，这种信用凭证
的使用标志着茶山与晋商之间建立的契约精神开始生效了，只是这个过
程走得很漫长。毕竟资水蛮山与晋商将要抵达的销区真可谓是天涯海角
的距离。行脚路程成了最大的成本，1939 年民国政府一个叫雷男的专家
到湖南安化做茶叶资源的调查，他在调查报告中感叹，安化资江两岸的
山里很多地方只做一次茶，非常可惜，没有让茶叶资源得到充分的利用。
当代的很多茶学专家在论述茶叶体质增效的时候也非常认同这种茶叶价
值的综合利用。基于现在的物流设施，确实可以做到一年里对茶叶的多
次采摘，从春天到秋天可以做成很多类型的茶叶产品。但是在湖南安化，

很多高山林区茶依然延续着一年只做一次茶的传统。

　　早年间做茶的买卖人过了春节就得往茶山赶，水路交通受制于天气，从安化到汉口，遇上顺风，四五天就可以到，风向不配合，在这段行程上耽搁半个月也很正常。茶叶当时在漠北销区确实有丰厚的利润可图，可能这些买卖人也想过一年多置办几次，但是现实条件限制了他们的想象。一年只做一次，成为旧年里安化黑茶的一个特殊标志。这也是构成安化黑茶传统风味特征的一个要素。一棵茶树，将自己积蓄了一年的能量精华在那一次集中释放出来。不管从植物学的角度上讲，这里面存不存在严密的科学逻辑，但是知情人的这种心理暗示会丰富消费者对这个产品的体验感，以此提升附加值。

　　晋商在安化事茶，在时间上受制于交通，无法做出更多的协调，基

晚清时期的买卖城官商

于此他们只能在山里开辟更多的茶园，让自己每一次抵达安化置办货物都能满载而归，用这种方式来把商号的利润做到最大化。与此同时，很多原本在销区做分销的大商号发现茶叶有利可图，于是也开始设立分号专门从事茶叶贸易。大盛魁旗下的三玉川就是这一时期的典型，他们也深入到湖南采制茶叶，做成砖茶注入其原来的茶叶销售渠道。在这样的背景下，到了制茶季，茶山上是一副欣欣向荣的景象。

也正是由于晋商的大面积扩张，导致茶山秩序的失衡。茶园面积的扩张，与山民种植粮食所需的土地发生了矛盾。这种矛盾是隐性的，原本活跃的茶叶贸易已经将茶山带入了商业社会，茶农享受着商业社会的红利，但是也在承受商业社会的风险。当这个风险爆发时，矛盾就由隐性转化成了显性。例如，到了粮食青黄不接的时候，粮价受供求关系影响自然会上涨，事茶所得并不能解决茶农家的温饱问题，这时候最容易发生群体事件。慢慢地，晋商和茶山之间形成了一种对立。在这种对立中，晋商的原料供给就成了一个不稳定因素，这与契约和信用无关，因为这些事件本身就是后来的契约中强调的"不可抗力影响"。晋商需要培植他们在茶产区的代理人，于是在契约之外，晋商不失时机地采取了结亲的方式。

通过婚姻关系，把两个原本对立的主体变成"一家人"。在晋商留下的一些日记中，记录了很多这方面的故事。一个打长工的小伙子在老东家的商号里快速成长，所担当的事情越来越多，能顶半边天。到最后小伙子极有可能就变成了这家商号的上门女婿。不管他和东家的闺女有没有爱情，小伙子也明白，他需要通过结姻亲的方式来完成自己的身份确认，只有这样，他才能获得更多的权力。当然，老东家也不吃亏，这种现象被经济学家称之为"外部费用的内部化"。与晋商联姻后的安化产区，开始出现一大批祖籍山西的安化人，他们的存在，成了连接产销区之间比契约还要有保障的枢纽。

在俄罗斯经营茶叶的晋商

在俄罗斯圣彼得堡经营茶叶的晋商

晋商的全家福

晋商的居室

中国古代婚姻观念里有门当户对的共识。其实无论是草原上的匈奴贵族，还是长安的汉家天子，有些看起来无关文明优劣、经济贫富的联姻，透过表面依然涌动着利益对等的隐性逻辑，本质上依然是门当户对的。晋商家族与安化茶农家族就是被一种我们看不见的隐性逻辑支配着，不管当事人是否心甘情愿，但是联姻已经成为既定事实。当然，这种门当户对是存在精神和感情牺牲的。我不知道元代以后的那些戏剧家是怎么敏锐洞察，最后捕捉到这种牺牲的，那些表现男女之间的名剧都无一例外地触碰到了这个点。

不管怎么说，嫁给商人是很多人不那么情愿的，将城市里的闺女送往茶山也会招致家族内部的极大压力。但晋商与茶山的联姻，穿透了层层障碍，最终还是变成了现实。联姻之后，产业上下游之间，在契约的基础上又上了一把亲缘关系之锁。如今安化存世的老茶行虽已破败，东家姑爷和东家小姐存在过的痕迹却依然十分明显。

晋商是一股新鲜的血液，强劲有力地注入了梅山。在安化后乡，茶行云集的那些市镇，从整体到细节，很多地方都与遥远的晋中平原保持着一致，梅山文化在那些地方被稀释殆尽，《走西口》的旋律也好似从山西平、祁、太唱向了资水蛮山。

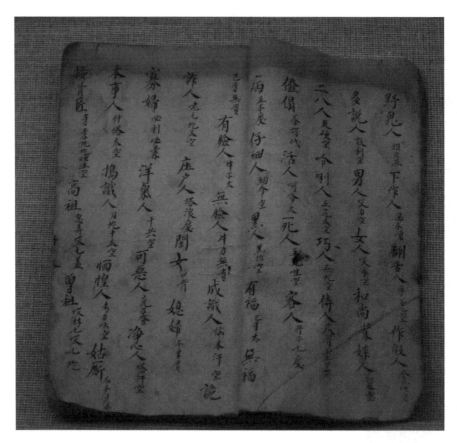

晋商的学徒学习蒙古语的册子

人们因茶而结合，也因茶而分离，漂泊与跋涉是买卖人的宿命，文学家总喜欢带着滤镜去看那些被现实所逼的迫不得已。白居易在浔阳江头那句"商人重利轻别离，前月浮梁买茶去"，给茶商贴上的薄情标签很难做历史性申诉。茶商也无暇申诉，他们有更重要的事情等在前方。春天制茶、夏秋运茶、秋冬售茶，日复一日地跋涉在产销区之间。

迎来送往，一船船茶叶下资江入洞庭，云山远帆，牵挂着留守资江的三晋女子。当繁忙的码头闲暇下来，那个远去的背影已经消失在了资江的转角处。事茶人一个寒暑一个来回，他们在一起的日子和茶季保持一致，所以资水边上，从内到外，从情绪到场景，真正令人心血沸腾的可能就是茶季。那是分居两地的夫妻相聚的日子，一年也就那么一次，和牛郎织女的故事一样。真正七夕的时候，他们也只能望着天空思念对方吧！茶商喜欢写日记，这是从老掌柜那里学到的一种习惯。他们的日记笔记潦草，没有章法，想到哪写到哪。把思念带到天涯海角，翻山越岭，穿过戈壁荒漠，在异地他乡，压抑着自己爱的对白。他们很少通信，只能把一年想要说的话积攒起来见面了一口气说完。女人也怕接到书信，见字如面的开头往往意味着这一生可能再也见不到面了。水路的风浪，陆路的匪盗，意外都是家常便饭。

我们从他们留下的笔记里可以看到，从晋中到安化，陆路一日行走三十到四十里不等，水路很难预测，过去茶叶的最大成本还是在运输上。茶路，磨掉了一代又一代事茶人的韶华。那条路生死未卜，他们绝大多数才刚刚新婚，还没有捂热被窝就要面对分离。那一次次的离开，谁也不知道具体什么时候能够回来。当年，蒙古独立时，就有近 10 万中国商人滞留在那里，他们在动乱中破产了，被大漠与万里的行程阻隔，他们再也没有回来，而是留在自己做了大半辈子生意的土地上，在贫困中熬尽了一生。新中国成立后与蒙古建交的时候，垂垂老矣的华侨还穿着长袍马褂，有些还留着辫子，见到新中国的外交官员，恭恭敬敬地跪地磕头道："参见领事大人……"[1]

我从巴彦淖尔边境口岸进入蒙古国，在蒙古国的哈拉和林城遗址遇见了一个汉裔蒙古居民，他就是当年滞留在那里的晋商之后。一个世纪过去了，他依然在从事中蒙之间的边境贸易。在历史的轮回里，祖先留下的事业依然还在延续。

从边境回来的路上，我一直在思考。万里茶路可能不仅仅是我们在地图上画出来的一根冰冷的线条。那是有血有肉的几代中国人奋斗的缩影，是故乡与远方的跋涉，是爱与恨的人生选择，是叛逆与顺从的态度，是茶路姻缘中的双城记，是大漠黄昏里不断被后人想起的中国故事！

[1] 详见秋原，《清代旅蒙商述略》，新星出版社，2015 年 5 月第一版第一次印刷，第 448 页。

· 孤独的老屋

午后，安化资江南岸的阳光显得非常温柔，冬日里那一缕和煦会让人迫不及待地走向户外。我喜欢在江南小镇上的那些老房子里转悠，晋商留下的大院子里，住着各色人等。你分不清他们是这个房子的主人还是租客。天井小院里被垦成了菜园子，在潮湿的气候中，蔬菜长得很精神。

江南镇上遗留的老茶行还有很多，还保留着原来的样式，青砖黑瓦，柱子、房梁、墙壁都透着从岁月深处走来的黝黑模样。大家都搬到一楼来住了，茶行缺乏修缮，很多上楼的木梯已经破损，小心翼翼地走上去，感觉整座房子都在嘎嘎作响。积尘被抖落，阳关透过木窗照进空旷的阁楼。100 年前，晋商茶行的伙计就站在这里收茶、焙茶、踩茶。曾经一个个因茶而显赫的家族，诸多辉煌都永远留在了他们族谱的三言两语里。

早在 2015 年的时候，我曾经在江南镇上的一个老茶行里遇见过一位96 岁的老奶奶，她是三晋女子，年轻的时候肩负着家族使命远嫁安化。她在这个老屋里生活了一辈子，祖先留下的这个大院子住满了人，都是他们这个家族的人。从大门进正堂，中间神龛上供奉着家族里已故的先人，神龛上面挂着"天地君亲师"的牌位，牌位两边有一副对联，上联里的

"太原堂上"无声地传递着很多信息。晋商大家族在近代史上历经波折，他们的个体命运被卷入了时代洪流，起起伏伏。改革开放之后，当我们重新融入世界，住在这个老茶行里的后人又与山西还有台湾的亲戚重新取得了联系，早些年还有走动，这些年老人都老了，彼此只能远程保持着联络。

不得不说晋商当年通过姻亲关系锁定茶山的策略非常成功，让之后那些旅居海外的乡愁里添了一丝对于资水蛮山的牵挂。改革开放以后，安化黑茶在突破边销茶重新进入内销市场的时候，安化人的宣传资料里介绍了不少黑茶产品与台湾和东南亚的渊源。很多人不敢相信，在他们的眼里，这个闭塞的贫困县城的产品是不可能辐射到那些区域的。中华儿女血脉相亲的故事里，藏着很多不为人知的细节。那些沉默的老人知

协调晋商与茶山矛盾的"奉上严禁"碑

道真相，可真相对于他们已经不重要了。

我每一次去安化江南镇都会去那个晋商后人的家。2019年春节前去的时候，那位时年应该是99岁的老人已经去世了。最后见她的时候，也是个冬天，她佝偻着身躯，拄着根拐杖，从堂屋走到自己的卧室。屋里坐着她的孙媳妇、她的侄子，也都是两鬓斑白的人了，大家望着老人的背影，静静地看着。

初到这里，她是个异乡人，茶行给她的那一方天地就是她自己的小世界。作为一个家庭的长辈，她是幸福的，膝下儿孙满堂。作为一个远嫁的小媳妇，她是孤独的，第一次学着喝擂茶汤，慢慢习惯梅山方言，也许只有门口悠悠流淌的资水知道她的心事，但也都是相顾无言。如今，她应该是喜乐无忧了，神龛上的遗像都是她的同龄人，一代人离开我们了，他们是历史上的晋商与安化茶山关系演变的最后亲历者。他们的后人如今依然在事茶，晋商血脉，一口梅山话，没有人再相信当年茶山遇到危机的时候大家以口音分类群所形成过的对抗。

那位老人的侄子说："就在这个老茶行的位置，旧社会的时候发生过很多次茶农与茶行的冲突，山民性格耿直，茶行收茶又有自己的标准，每每遇到观点相左的时候，最后都难免会动起手来。山民以村为单位，团结互助，一个人受欺负，全村人会跑来讨公道。收茶季，茶行门口打架斗殴的事情时有发生。山民淳朴，每每觉得自己遭遇到了不公平对待，就会把气撒在'西客'（山西茶商）身上，所以据我们家的老辈人讲，旧社会里我们还雇了火枪队看家护院，重点保护对象就是我姑姑。"

我们无法判断这人讲述的故事中的真假成分，但是行走茶山，还是可以发现很多山间遗迹在印证他口中的故事。

2015年夏天，我从田庄乡，过高马二溪村，沿湘源溪方向，到白岩山的路上做田野考察的时候发现了一块道光五年立的"奉上严禁"碑。这块碑的用意在于协调山上的矛盾。碑中落款处可以见到，山里的各个

位于安化江南坪的晋商老茶行

位于安化黄沙坪的晋商老茶行

老屋黄昏

破败的老茶行一角

安化晋商老茶行的码头

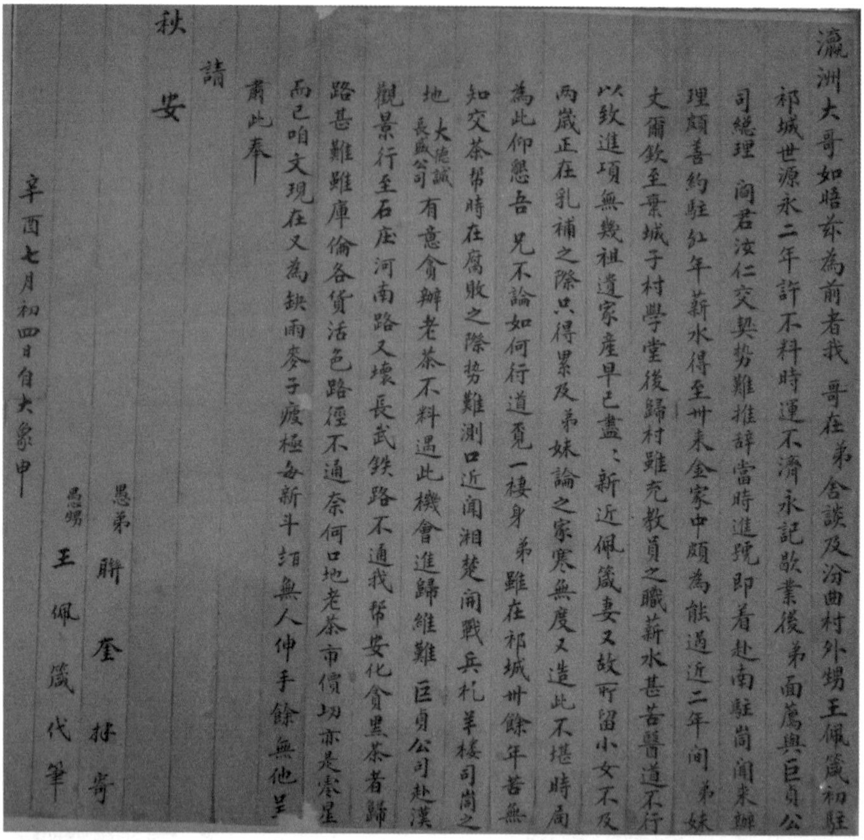

瀛洲大哥如晤亲爱前者我哥在弟舍谈及汾曲村外甥王佩箴初驻

祁城世源永二年許不料時運不濟永記敬業後弟兩蔦與巨員公

司總理　向君汝仁交契勢難推辞當時進說即着赴南駐尚闻未辦

理頗善約駐紅年薪水得至卅末金家中颇為能道近二年间弟妹

文彌欽至票城于村學堂後歸村難充教員之職薪水甚苦難不行

以致進項無幾祖遺家産早已盡：新近佩箴妻又故所留小女不及

兩歲正在乳補之除只得景及弟妹論之家寒無度又造此不堪時局

為此仰懇吾　兄不論如何行道覓一棲身　弟雖在祁城卅餘年苦無

知交茶帮時在屬敗之除勢難測口近闻湘楚間戰兵杌羊楼司尚之

地大德诚有意貪辦老茶不料遇此機會進歸維難　臣身公司赴漢

長興公司河南路又壞長武鐵路不通我帮安化貪黑茶者歸

觀景行至石庄河南路又壞長武鐵路不通奈何口地老茶市价切亦是窘塞

路甚難雖庫偷各貨活色路徑不通奈何口地老茶市价切亦是窘塞

而已咱文現在又為赳雨麥子廢極每新斗訌與人伸手餘無他言

肅此奉

請

秋

安

辛酉七月初四日自大象申

愚弟　胼　奎　林哥

愚甥　王佩箴代筆

晋商的家信

144

头人都已知晓，碑中各项规定像治安管理条例一样，规定得很细致。碑文的最后却留下了这样一句话："下不许停晋痞匪。""晋痞匪"三个字，虽然是充满了与晋商之间的敌对情绪，但草拟碑文的那位官员也许考虑到了山民日常里的通俗叫法。这块碑相当于一个告示，得用通俗的名词才能发挥告示的作用。山里山外，晋商与茶农的矛盾确实是存在的。真正发生群体事件，在局势失控的状态下，茶行高墙内的山西媳妇儿确实可能会遭到冲击。

所以，那位老人抵达资水边的时候就已经受到婆家的告诫，没事就不要出门，以免节外生枝。老人住的房子在堂屋正中的右手边，跨过高高的门槛，里间陈设很简单。冬天，老人的褥子铺得很厚，在进门的右手边墙上钉着一块玻璃镜子，下面放着 20 世纪 70 年代流行的脸盆架子。和其他老房子的主人不同的是，老人没有向木板墙上敷报纸，而是尽量保持着木板的原貌。时间流转，她眼睁睁地望着这些木板日渐深黑，老瓦霜冷，她就在这里守着，春去秋来，转瞬之间，将近一个世纪的光阴过去了。

她侄子以为这位老姑姑可以活过 100 岁，没想到 98 岁的时候，老人安静地离开了。她没有留下什么遗物。当初从山西千里远嫁，满船的嫁妆都已经散佚，藏在老人心中一个世纪的悲喜也如同资江边上午后和煦的清风，漫无边际地散佚了！

第四章 · 无声的绽放

· 从廊桥木梁北上西行

　　在湖南安化县城，在一幢现代化的电梯公寓打造的茶室里，每周星期三，宾客满座。茶室主人在安化广播电视台做播音主持，一个土生土长的安化人，在安化黑茶快速发展的背景下，总觉得自己不能袖手旁观，于是就将自己闲置的一套住房打造成了工作室。固定时间、固定节目、不同的主题，安化黑茶在这一代安化人手上注定了会有另一种面貌。

　　我特别喜欢那个茶空间的客厅。靠窗户的位置，茶室主人说想将它做成风雨廊桥的样子，外观造型还没想好怎么做，但是把老茶桶往那一放，来的安化人都会联想起风雨廊桥。

　　在安化县域范围内，应该是风雨廊桥存世量最多的地方。多溪流，也因此多桥，而主干道上的桥梁有了本地士绅及晋商的财力支持，因此修建得非常牢固、实用和高大。廊桥修好以后，在廊桥上还会有专门供往来过路人喝茶的地方，一个超大的茶壶用木桶装着，木桶是为这个茶壶量身定制的，因此只需要倾斜木桶顶部的提梁，茶汤就可以从壶嘴处倒出来。木桶周围倒扣着很多碗，过路人行至此处，如果口渴了，直接就可以自己拿起碗倒上饮用。士绅捐修廊桥，同时也会捐资熬茶，这属

安化山里挂在老百姓房梁上的茶篓

黑毛茶捡梗

黑毛茶

于民间朴素信仰里的发善愿，与雪域高原上的活佛熬茶是同样的出发点。

在安化民间，流传着一本村民自己募集资金印刷的小册子。就是晚清时期重修永锡桥时的文献资料。那本小册子里，记录着乡绅捐款的功德，记录着修缮者发愿的初心，也记录着对于修缮后如何运营的设想。其中有这样一段："二十二日，佃人居住公屋煮茗以济行人，永为施茶之所。"也许这就是风雨廊桥生命力之所在，它并不是横亘在溪山之间的一座桥梁，而是富有智慧的安化人在山里必经的要道口完成了个体与社群、富贵与贫穷的对话。在那个平台上，让士绅的慈悲与乐善好施精神得以塑造，努力在协调不平等社会秩序里的各种潜在危机。一提起风雨廊桥，老百姓会打心眼里称道。

廊桥上供应的茶汤就是安化山里的黑茶，熬煮成一大锅，装在大茶壶里，任你暑热炎天，放在那里一个礼拜也不会变质。现在，很多外地的安化茶从业者也许会遇上这样一种困惑。他们到安化会听到一些老茶厂里面的老职工回忆说，过去他们是不喝黑茶的，因为黑茶刮油，在饭都吃不饱的情况下没有喝茶的意愿。最后，当站在风雨廊桥上，看到这种平民化的普及喝法就会在心底里反问，过去的安化人到底喝不喝茶呢？

回答这个问题，只需要到那些过去安化人生活过的老房子里，喝不喝茶的真相都毫不掩盖地摆在那里。过去安化人确实不喝那些老边销茶厂生产的成品茶，那些茶都是销区定制的。怎么喝对于安化普通老百姓而言是一个谜，即便是在茶厂上班的老员工，也只是道听途说。对于茶，安化人有自己的喝法。他们将自己房前屋后的茶叶采了，还是按照黑茶的加工工艺做成黑毛茶，然后将黑毛茶装在一个竹篓里，竹篓上拴着麻绳，挂在老灶房的房梁上。安化山里人喜欢吃腊肉，春节前宰杀的年猪做成腊肉挂在梁上要吃一年，装茶叶的篓子也就和腊肉一起挂在那里，每天做饭的时候，燃烧的柴草带着火的温度熏焙着茶叶。要喝的时候，抓一把烧火一煮。湖南人喝茶有个习惯，就是把茶汤喝完之后，顺带着连茶叶也会送到嘴里嚼细了吃下去。

这种烟熏茶与腊肉放在一块儿，吸收了大量的柴火烟味，陈年的烟茶，那风味带着腊肉的痕迹。缺医少药的山里人，用这一味陈茶解决了很多小毛病。小孩儿拉肚子，煮一壶茶；身体哪里不舒服，煮一壶茶。在梅城地区，甚至将茶与原始信仰中的一些元素结合在一起，其中最为人津津乐道的就是"敕茶"。现在梅城人也知道那是封建迷信，但是"敕茶"的传说里还是有很多解释不清楚的现象和案例。在多雨潮湿的山地，茶在一群擅长做腌制食品的山民那里，通过他们对风味嗜好的选择，通过他们那一双勤劳的手，悄无声息地获得了一种适宜微生物生长的环境。微生物的参与，在我们的视线之外，制造了很多我们无法解释的现象。

人类认识微生物的过程很漫长。在历史上，有很多解释不了的东西，如鬼狐仙怪、瘟疫、瘴气、恶魔等，其实都是微生物在发生作用。在列文虎克发明了显微镜以后，慢慢地将我们对微生物的认知带入了科学认知的范畴。后来再经过科赫、巴斯德等科学家的研究，慢慢让大家明白，病毒微生物作为感染源给人类制造了大量的麻烦。所以我们一度听到细菌这个词就会本能地在脑子里产生排斥情绪。

人类社会学家研究发现，人类聚居形成的城市规模要么受制于社群管理水平，要么受制于公共卫生状况。受饮茶习俗的影响，中国人喜欢喝沸腾后的水，这样让饮用水接受了一个杀死病毒微生物的过程。所以中国历史上大规模的人口减员不是流行性疾病造成的，更多的是因为王朝末日的战乱，比如东汉末年到隋唐时期，唐末到宋辽西夏时期。中世纪的西方没有喝茶的习惯，也很少将水煮沸了饮用，西方历史上有不少次因为病毒微生物引发的流行性疾病失控后导致的大规模人口减员。比如流行性淋巴腺鼠疫，也就是黑死病，在 1347 年到 1352 年让欧洲人口减员了三分之一。[1]

　　但事实上，人类的体表和体内存在的这些微生物之间形成的是彼此竞争又相互协作的关系，科学家将其称为微生物群系。群系的意涵就是一个超大规模的生态系统，人类与这个生态系统协同演化了上千年，我们健康的前提就是保持这个生态系统的平衡。有些微生物对我们的免疫至关重要，人类认识微生物的时间较短，但利用微生物群系的平衡来维持身体健康已经有很长时间的实践经验了。健康的膳食营养与每天摄入食物维系的肠道菌群平衡对人体健康的作用最直接的表现就是长寿。CCTV-10拍摄的纪录片《茶叶之路》里面，就有一位生活在湖南安化高马二溪茶山上的百岁老人，纪录片拍摄于2014年，片中说那位叫蒋喜庆的老人出生于1909年，老人身体健康，思维清晰。摄制组捕捉老人的生活日常，只见他劳作回来，在挂腊肉的木梁上抓了一把农家烟熏茶，用茶壶煮了之后，端了一碗坐在老木屋前大口大口地喝下，最后还吃掉了茶叶汤底。新疆长寿村的百岁老人也是天天饮茶，隔着千里山河，一百年前的同龄人在一碗茶汤里活得忘记了时间。

　　安化有老人说，他们房梁上的烟熏茶可以治疗拉肚子等症状。我曾经在山上试过，晚间喝了冰啤酒肚子不舒服，于是老人煮了挂在木梁上的老陈茶，那陈茶确实年代久远，经过炊烟的熏陶，茶梗都几乎炭化了。那碗茶汤十分珍贵，但是非常遗憾，山里的灵丹妙药对于我却失灵了，不仅失灵，还加重了症状。最后吃下了两粒药片，才有所缓解。但我依然相信山民口中讲的陈茶疗疾的经验，只是当时我也不知道怎么来理解这个问题，心里暗自存疑。

　　后来在看一些关于微生物的资料时发现，人类的肠道菌群是存在巨大差异的，与基因、年龄、性别，乃至生活方式有关。如今已经做过的

[1] 详见［美］安妮·马克苏拉克，《微观世界的博弈：细菌、文化与人类》，中国工信出版集团，第1页。

安化风雨廊桥永锡桥

风雨廊桥的木梁

再现廊桥茶亭上的施茶场景

一些检测试验证明，生活方式会对肠道菌群结构产生较大的影响。例如：K.W.Mah 等对生活在泰国南部农村和新加坡的儿童的肠道微生物结构进行研究，发现泰国农村儿童体内的乳酸菌、大肠杆菌以及葡萄球菌的含量高于新加坡儿童；Y.Benno 等对生活在日本 Yuzurihara 长寿村的农村老人和东京的城市老人进行比较，发现农村老人肠道内死亡梭杆菌和青春双歧杆菌含量明显偏高；C.D.Filippo 等对非洲布基纳法索村庄和意大利佛罗伦萨城市的儿童的肠道微生物进行了对比，发现非洲儿童肠道内微生物的多样性与丰富度高于欧洲儿童；我国内蒙古农业大学的曹宏芳老师也做过相似的研究，将锡林郭勒牧区和呼和浩特城市里的青年人群拿来对比，发现牧区青年肠道内的乳杆菌属和双歧杆菌属明显高于城市人群。[1]人体肠道内的微生物群系确实是存在明显区别的。基于此我们可以大胆猜测，也许在潮湿的安化山里，山民肠道内的菌群与他们木梁上挂的烟熏茶中所富含的菌群形成了一种长期互生的平衡关系，所以他们喝下去是有益处的。梅山文化里的"敕茶"，从迷信上看是符咒在起作用，要从科学角度上看那也极有可能是微生物在起作用。而从外地突然进入山里的人来说，首先感官上会排斥那种略带刺激性的烟熏味，其次是真的勉强喝下去之后，肠道内不知道会出现何种情况。我的身体经过实践检验，是不太适应那种山地农家烟熏茶的。

也难怪，湖南很多主流的茶学科学家都不太提倡弘扬山里老百姓的传统制茶技术。其一是缺乏食品卫生标准，其二是很难做大众化推广。湖南农业大学朱先明教授在 1983 年的时候结合田野经验将"农家制茶"写成了一个操作手册，那是结合当年的茶叶生产情况，希望通过这种方式快速传授给老百姓一项制茶技能。里面杀青用的还是锅炒，黑毛茶一次性加工量很大，安化老百姓一般是用桐油叉作为辅助工具。1983 年的

---

[1] 详见《乳业科学与技术》丛书编委会等，《益生菌》，化学工业出版社，第 240 页。

156

时候，距离吴觉农《中国茶业复兴计划》和彭先泽《安化黑茶》的发表已经过了半个世纪，那时候我们几乎又回到了原点。这种现象，我们用理性思维来看，不是传统匠心的刻意传承，而是这里的制茶工艺整整又落后了五十年！

毋庸置疑，微生物的参与是安化黑茶的区别于其他茶类的核心内涵，本土化品饮的茶是山民通过历史性选择，长期食用后形成的具有独特风味的饮品。它在大众市场上也许还能找到同好，只是试错成本很高。安化黑茶在走向大众化市场的时候，微生物依然是它的核心卖点。众所周知的"金花"，以及各类黑茶产品中的益生菌群，早就已经成了黑茶从业者挂在嘴边时刻准备脱口而出的卖点了。历史证明，安化黑茶的产品大众化也是极其成功的，它通过与茶商之间的长期互构，形成了丰富的茶叶产品线，从廊桥木梁一路向西，走向了万里之外。

从陕西沿河西走廊到新疆一线的居民主要喝的是茯砖茶。最早这条线的官茶要在陕西泾阳进行中转，泾阳一时之间成了连接产销区之间的桥梁。无论官商还是民间商人，将毛茶运抵泾阳之后再统一进行加工，筑制成砖，销往西北。

"安化茶，泾阳砖"，这个组合在西北地区有很高的声望。它们最为伟大的贡献，就是在千里万里的行程中孕育了"金花"。和所有富含益生菌的发酵食品一样，诞生之初食品颜色、风味的异常变化让人不敢轻易尝试。但一经尝试，那种独特风味瞬间就可以俘获你的味蕾，就像安化山里的腊肉、湘西山里的酸肉、北京街头的豆汁儿、长沙街头的臭豆腐、老家腌制的老坛酸菜，喜欢的自然会如痴如醉，不喜欢的你让他先小口慢慢尝试，不多时也就大口大口地与你共同享用美食了。

有关茯砖茶的诞生，我们用一个故事去讲述，这个故事堪称"美丽的错误"。据说当年进山收茶的茶商历经艰辛跋涉，在路上日晒雨淋，最后茶叶在一定温度和湿度条件下绽放了粒粒"金花"。茶商打开茶叶

新疆维吾尔族日常品饮茯砖茶

以为已经发霉了，正好他们路过一个村庄，心想反正茶叶也已经发霉不能卖了，还不如将其赠送给村民。后来那个村庄染上了瘟疫，村民喝了这些长了"霉"的茶叶，居然慢慢控制住了疫情。茶商再从这里路过时，得知了这个消息。因为这种茶诞生于伏天，所以又被称为伏茶，茶叶中所长的"金花"此前主要是在灵芝和茯苓中见到过，所以，慢慢地人们将其称为"茯砖茶"。因为是老百姓口头传说的故事，所以我们不需要去细究它的内在逻辑，但故事本身合理解释了茯茶的药性以及茯茶名字的由来，很符合中国民间故事的叙事逻辑，所以易于传播。

如今，从茯砖茶这个产品中已经分离出来了两个地域性产业，一个是安化黑茶，一个是咸阳茯茶。安化黑茶在茯砖茶的地理归宿上也存在很微妙的出入，因为在湖南，主产茯砖茶的厂曾经整体搬迁到了益阳。

从川西北进入青海、甘肃的西路边茶中也有砖茶发花的传统，四川的南路边茶老厂家对于茯砖茶也都不陌生。曾经说离了泾阳水发不了"金花"，新中国成立以后，湖南、四川、陕西、广西、贵州、浙江等很多边销茶厂先后都具备了生产茯砖茶的能力。好的故事，大家都想在里面担当个角儿，只是对于茯砖茶而言，老百姓心中的主角儿还是安化和泾阳。

泾阳茶商将茯茶问世的时间定在了明朝洪武年间。明朝朝堂上在讨论茶马互市问题时提到的"湖茶叶苦，于酥酪为宜"，于无形之中巩固了两湖茶场在官茶体系中的地位。在封建帝国时期，官茶主导的西北销区一直存在着很大的需求，并且是被政府建制化了的，由相关官员主理茶政。清军入关之初，南方的战事还未平息，八旗军队依然需要源源不断的战马奔赴前线。于是，顺治二年，清廷就派遣了御史廖攀龙前往西北调查茶马之事。清朝试图延续明朝的茶马制度。明朝时期，茶马互市制度进一步完善，朝廷所需的马匹并不是直接从游牧民手上换，这与唐朝的粗放式互市有本质区别。朝廷在宜牧区建立了自己的军马场，茶叶运往西北的收益刚好可以抵销军马场的专项开支。茶马互市的建制化让战马的质量与供应更稳定。只是稳定背后所需的开支依然是西北的茶叶消费带来的。

廖攀龙抵达西北的时候，发现了很多问题。他在给顺治帝的奏折里奏报得很详细，到达一线的廖攀龙首先就是盘点仓库，核对账目与仓库的实物。账实之间存在较大的缺口，有些失窃了，有些是在战乱中被匪寇焚毁了，有些被地方官调出来用实物折了俸禄。彼时的官仓没有品控标准和执行制度，廖攀龙在盘点仓库时定义的"远年浥烂不堪陈茶"并没有做报废处理。[1]几经整理之后，还是又送往了销区牧民手中。可惜廖攀龙不是茶学家，如今我们从"远年浥烂不堪陈茶"的描述中很难获

---

[1] 详见廖攀龙，《历代茶马奏议》卷四。

取具体的茶叶信息。他没有对茶叶做客观的描述，从色香味形，从破损的包装，乃至里面是不是绽放了一颗颗黄色的颗粒。

廖攀龙本质上还是一个很有经济头脑的官员，他也许并不关注茶叶本身，在供需失调的状态下，他盘点完仓库，将情况写了奏折汇报给朝廷。对于茶政，他提出了很多想法，可惜历史没有给他机会。顺治三年九月，廖攀龙涉嫌茶叶走私被革职。茶叶是暴利行业，从宋到明，在这上面栽跟头的公务员不在少数。

建制化以后的官茶缺乏变化，一块砖茶，从销区到零售终端，不管茶叶内已经发生了何种变化，制度已经将这块茶的命运锁死。就算是已经成了"远年浥烂不堪陈茶"，那也得完成它的流通。擅自处理报废茶，在御史笔下，距离走私和侵吞可能也就是一字之遥。千两茶的创制，绝对是在自由的商业环境下促成的。因为茶商要自己承担茶叶损失的风险，所以他需要在包装设计环节考虑到防水，他需要运输更多的茶叶，于是把篾篓越踩越紧。早年间有很多学者说"茯砖茶"的名字来源于"附茶"，是官茶之外准予官商可以附加运输作为利润的补充茶，并且刻意强调，官茶另有出处，而湖南茶就是作为"附茶"来补充官茶。附茶确实是有，但茯砖茶的名字既不脱胎于"附茶"，也不是演化自"湖茶"。作为茶马御史的廖攀龙走马上任，给顺治汇报恢复茶马制度的第一个困难就是"蜀楚未通"，四川和两湖在清初就已经是成熟的官茶主产区了。历史上的"茯砖茶"是"安化茶，泾阳砖"，两地协作，在老百姓的心目中有非常崇高的地位，伏天筑制，绽放了生于茯苓中的菌种，天时、地利、人和熔于一炉，受到茶商和消费者的喜爱，那是一种早已注定的历史宿命。

从安化到西北，穿过河西走廊——当年官茶建制化了的流通之地。七月，正午的阳光非常炙热，数百年前茶马司的差役可能并没有发现，那些骡马背上的砖茶也隐藏着生命的力量，那个温度促成了星星点点的绽放。

· 不只"金花"

　　"金花"确实太耀眼了，在进入内销市场以前，我们根本就不会想到茶叶与微生物之间还有这么紧密的关系。即便是有关系，通常情况下我们聊起微生物至少都得是显微镜下的语境。可"金花"绕开了显微镜，直接进入你的肉眼，把茶叶有益的内含物直接呈现在你眼前。显性化、可视化成为它能够流行的一个诱因。

　　在安化黑茶快速崛起的这十年里，这个菌种在不知不觉中走近了我们的身边，随后以万众瞩目的方式被锁定在我们的视线里。相关实验室时不时传出一些最新的研究进展，聚光灯下，它像一个明星。几年下来，我相信每一个安化黑茶的从业者内心都觉得，对于这个菌种自己是既觉得熟悉，又深感陌生。熟悉，是因为所有的黑茶厂家都将这个菌种的性状、功效做成了科普文案，大家都谙熟于心，每天不知道要给过往的客户重复叙述多少遍。陌生，是因为有很多来自用户的提问暂时还找不到答案，在被问到语塞的时候，难免尴尬。

　　这其实就是安化黑茶的独特魅力，永远处于一个动态变化的过程之中，永远不停地刷新我们的认知。在茶文化流派争奇斗艳的时候，我坚信，未来能够真正掌握安化黑茶产品话语权的将是微生物学家、免疫学家和营养学家。

安化黑茶茯砖茶中的"金花"属于微生物里面的真菌。目前人类已知的真菌有七万多种，在这已知的七万多种真菌里面，有一类高等菌物，在有性阶段会形成子囊和子囊孢子，我们将这一类真菌称为子囊菌。除半知菌外，子囊菌有 1950 个属，这个数据可能还会不断增长。人类对微生物的认识还很有限，但茶学界通过现有的技术已经无数次从茯砖茶中分离出了"金花"菌，通过在扫描电镜下观察菌株的子囊孢子和分子孢子，同时结合 DNA 测序，然后在分子水平上对分离菌株进行鉴定，最后确认那就是冠突散囊菌。微生物的经典分类学主要依赖于形态特征，在实际鉴定菌种的过程中除了用经典分类学的方法，随着现代分子学技术的发展，我们还可以结合以 DNA 分子特征为依据的分子鉴定技术，以此来完成真菌的鉴定。

冠突散囊菌的拉丁文学名是 eurotium cristatum，这个菌种比较特殊，因为它在有性型时产生子囊孢子，在无性型时产生分生孢子。这个特性让经典分类学已经无法完整地去诠释它了，早期微生物学家按照国际命名法规将其以有性型模式的最早合法名称作为正确名称。但是这个命名的不完整，给我们在实操中带来很大的不方便。所以 20 世纪 70 年代就有微生物学家单独对这个菌种的无性型做了重新命名，但是这种做法违反了当时的国际命名法规，大多数分类学者并没有接受。与此同时，散囊菌属的新种还在不断被发现，与冠突散囊菌一样，它们的有性型和无性型都存在性状差异。最后经过了漫长的讨论，大家基本上达成了共识，将这个菌种的有性型命名为冠突散囊菌，将无性型的名称定为针刺曲霉。[1]

对这个菌种的认知，我们走了很漫长的路。顺治初年的御史廖攀龙

---

[1] 详见齐祖同、孙曾美，《茯砖茶中优势菌种的鉴定》，《真菌学报》1990 年 9（3）。

显微镜下的"冠突散囊菌"

可能只注意到了官仓里茶叶浥烂了，他没有时间停下来仔细观察，做些思考和研究，盘点结束就又关上了仓库的大门。中国人注意到茶叶中生长的小黄颗粒最早大约是在 1945 年，一个叫徐国桢的人开始研究黄霉菌在砖茶中的发酵作用。其后，1951 年的时候，一个叫方心芳的人对湖南岳阳、安化等地的茯砖茶菌种进行了分离，那次的研究结果没有发表，具体是出于什么目的做了这样一件事也已经沉寂在历史中了。只是后来的研究者在触碰这个课题时会在综述中不经意地提一笔。20 世纪六七十年代，我国处于一个封闭的发展环境。我们从后来的资料看，这个时期关于这个菌种的命名在国际上争论是最为强烈的。1981 年，仓道平、温琼英开始研究茯砖茶发酵过程中的优势菌群和有害菌，他们当时认为优势菌群是谢瓦曲霉（aspergillus chevalieri），有害菌则是黑曲霉和青霉。直到 1990 年，中国科学院微生物研究所的齐祖同与孙曾美再次从茯砖茶中分离优势菌群并且做鉴定，那次成果发表在了《真菌学报》上。文章对茯砖茶中的优势菌群认知历史做了综述，并且在文末写道："此菌在我国是首次报道。"紧接着又补充提到，这个菌种的分布很罕见，

从茯砖茶上收集的"金花"菌

除了从来自湖南、广西的砖茶中分离出了这个菌种之外，还从北京库存的冬虫夏草和沈阳的降脂灵片中有发现。[1]

当然，绽放在茯砖茶中的那些"金花"用分类学的标准去一一分离、一一鉴定，我们可以得到很多散囊菌属的菌种。1992年，浙江省食品卫生监督检验所对17份茯砖茶样做菌种分离与鉴定，其中分离出了7种散囊菌。三位参与分离与鉴定的学者在最后提出了很多值得思考的问题。其一是彻底否定了仓道平提出的茯砖茶优势菌群是谢瓦曲霉的说法，提出茯砖茶的主要优势菌群是冠突散囊菌，印证了齐祖同先生的结论，对于相关教科书上以灰绿曲霉菌群标识茯砖茶的优势菌群提出了异议；其二是提出要对分离出来的其他散囊菌多做研究。早期陈椽主编的《制茶学》教材中也是将茯砖茶的优势菌群标注为黄霉菌。茶与微生物的关

[1]　详见齐祖同、孙曾美，《茯砖茶中优势菌种的鉴定》，《真菌学报》1990年9（3）。

茯砖茶上的"金花"

撬茯砖茶

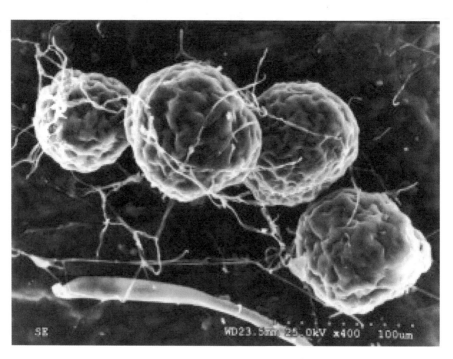

电镜下的"冠突散囊菌"

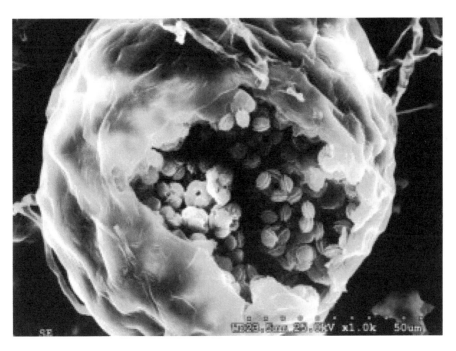

电镜下的单株"冠突散囊菌"

系在经历了层层认知障碍之后，大家才慢慢解开谜团。

近年来，关于茯砖茶中"金花"的报道有很多，特别是与黑茶相关的行业自媒体。一时之间"金花"受到追捧，六大茶类几乎都在悄悄地让自己绽放"金花"。但是我们对于"金花"的过度推崇乃至以科学的名义将其神秘化，本质上依然无法掩盖我国发酵茶在微生物领域的研究还有很多不足的问题。

很多茶商说茯砖茶中的"金花"是一种益生菌，但我国卫生健康委员会办公厅颁发的可用于食品的益生菌种类表里面，并没有找到"金花"里面涉及的散囊菌属乃至曲霉菌属。规定可用于食用的益生菌种类主要涉及双歧杆菌属、乳杆菌属、链球菌属以及新增的乳酸乳球菌乳酸亚种、乳酸乳球菌乳脂亚种、乳酸乳球菌双乙酰亚种、肠膜明串珠菌肠膜亚种[1]。我第一次看到卫生健康委员会办公厅颁发的这个表格时非常诧异，作为一个安化黑茶的重度消费者，那些我早已耳熟能详的益生菌的名字怎么没有纳入呢？我当即就咨询了懂食品微生物这方面的老师，因为这对于他们业内人士而言，可能仅仅是个常识。果不其然，老师看了一下那个表，然后回答道："那个表只是针对乳制品行业的，对于益生菌在食品中的应用，乳制品行业确实要领先很多。特别是早期，日本在这方面做出的成果。茶叶涉及微生物的研究，在我国只能说才刚刚起步。"

他的回答倒是让我展开了对比联想，因为茶叶和牛奶都是属于对人体有益的饮料，而且这两种饮料都已经形成了自己的产业规模。同样作为为人类生活方式服务的企业，其具有核心竞争力的产品肯定都会涉及配方乃至工艺的保密。但是乳制品行业在企业品牌化发展的过程中，逐步揭开了神秘的面纱，甚至对普通民众开放了工厂。每一个消费者，都

---

[1] 详见《乳业科学与技术》丛书编委会等，《益生菌》，化学工业出版社，第 1 页，表 1-1。

可以以游客的身份去参观其生产区，从原料到成品，工艺流程在大家的视线里运转。茶行业，特别是涉及茯砖茶生产的企业，依然还以技术保密的名义拒绝消费者靠近，这种拒绝本身就是因为自身还没有准备好怎么与公众见面。

茯砖茶的优势菌种有冠突散囊菌，但是早在 1992 年，浙江省食品卫生监督检验所从茯砖茶中分离鉴定出剩余 6 种散囊菌菌种后就很少看到研究了。例如间形散囊菌、谢瓦散囊菌、阿姆斯特丹散囊菌、匍匐散囊菌、赤散囊菌等。如果要将茯砖茶中分离鉴定出来的所有微生物做毒理学试验，那将是一个巨大的工程，但也是茶叶微生物食品学发展所必须经历的一个过程。黑茶是我国独有且真正意义上有微生物参与的发酵茶，长期以来的实践经验已经证明了它的保健价值，也培养出了各类具有独特风味的黑茶产品的嗜好社群，但它要在未来真正成为"世界共享"[1]的产品，至少在微生物的研究上还有很漫长的路需要去走。

就黑茶与微生物的关系而言，短时间内我们并不能一步到位，将其研究透彻，但是首先要确定一个前提，这个前提就是由各种微生物作用而成的"金花"在黑茶茶汤里有没有毒副作用。针对这个问题我们的茶学家早就已经做了相关试验。2007 年，湖南农业大学在《茶叶科学》上发表了一篇茯茶毒理试验的文章。试验结果证明了茯茶没有毒副作用，可以放心饮用。严格意义上来说，这个试验不过是把边区消费者已经用身体证明了的事实在实验室里重新印证了一遍。但必须得基于这个前提，我们才能继续前行。

多年来有关"金花"的研究一直都没有停止过，湖南农业大学刘仲华教授团队一直致力于这方面的研究。该团队结合产业现实，从"金花菌"对茯砖茶品质及风味形成的影响，到"金花菌"对于人体的功能效用，

---

[1] 湖南安化黑茶相关产业领导机构向社会推出的黑茶产业发展口号。

传统茯砖茶的发花室

近 10 年以来，在《茶叶科学》《食品科学》《菌物学报》上发表了很多这方面的文章。茯砖茶中"金花菌"的研究进展，也几乎是每一次湖南相关学术论坛都要重申一遍的重点。安化黑茶产业基于这些科研成果，完成了自身提质增效的产业优化路径。也因此，刘仲华教授团队获得了国家科技进步奖二等奖。那是他第二次荣获这个奖项，第一次获奖的时候湖南茶学领衔人物还是他的导师施兆鹏。

有时候感觉安化还是很幸运，虽然过早失去了彭先泽，但是它紧接着又拥有了陈兴琰、朱先明、施兆鹏、刘仲华，同时还有活跃于他们身旁或身后，成群结队赶来的佼佼者。湖南农业大学茶学系的教学楼里有一个国家级实验室，专门从事植物功能成分的研究。里面的实验设备几乎是不分昼夜地在运转，我在长沙的时候喜欢住在农大附近，那里朋友多，好吃的东西多。每每到了深夜，从实验室楼下经过，那层楼的灯还依然亮着。这几年，我们只知道湖南茶产业发展势头很好，但我们也许不知道，那些耀眼的光束都是从这个灯光亮到深夜的实验室折射出去的。

· 毡房里的那家人

　　砖茶里有牧人的乡愁，我带着他们的乡愁跨过黄河，翻过莫尼山，穿过一片草原，千里迢迢赶到那个在地图上导航也找不到的毡房。

　　莫尼山下，大片大片的草原上又升起了黄昏的炊烟，孤零零的蒙古包在山脚下，看似近在咫尺，骑马狂奔却走了差不多半个小时。朋友邀我到他们家做客，不是巴彦淖尔临河城里的那个电梯公寓，而是乌拉尔草原上他父母还在逐水草而居的毡房。

　　假日，有客从远方来，朋友家里的人像过节一样，盛情盛装接待。我特别喜欢草原的黄昏，早上赶出去的羊群一边被牧人往回赶，一边不忘啃两口路过时邂逅的嫩草。马蹄哒哒地在草原上扬起一片尘埃，蒙古包就在不远处，太阳挂在山腰，余晖与炊烟交织在一起。

　　进了毡房第一件事情就是洗手，然后大碗的奶茶就端上来了。奶茶是用砖茶熬煮的，内蒙古草原上的砖茶主要来自两湖，有羊楼洞的青砖，也有安化的茯砖。朋友家更喜欢喝茯砖，说不出具体的缘由，可能就是口味习惯吧。朋友和我是同龄人，他有个姐姐已婚，生了两个女儿，大女儿在上中学，小女儿在上小学。我到的时候大女儿躺在毡房里休息，

笔者（中）在内蒙古一个牧民家的蒙古包里

她感冒已经半个多月了，最近吃药打点滴，整个人被折腾得十分萎靡。她喜欢待在草原上，看病的地方离这里有 70 公里，医生开了很多药，吃得她愁眉苦脸的。

我看了医生开给她的药，消炎的盘尼西林，止咳的甘草，牧区与内地本质上已经没有什么区别了，感冒药也是一模一样的。这几年，国家对抗生素加强了监管，但是在基层，很多赤脚医生还是把它当作特效药。当然，家里人并不太关心医生开的是什么药，他们眼睁睁看着姑娘痛苦地咳嗽，除了心疼，也就是默默祈祷她快点康复。总的来说她的病情已经在好转了，只是痊愈前的虚弱和还未远去的病症让她倍显憔悴。再加上已经病了这么长时间了，大家心里会十分焦虑。我和朋友聊天，问起他们小时候怎么治感冒，朋友说他小时候就不知道什么是感冒。

乌拉尔草原上策马狂奔

不管是在牧区还是在城市，社会发展使得医疗条件越来越好了，但是一个小感冒前前后后治了半个月的时间在我们身边好像越来越频发。那晚，我睡在草原毡房里，半夜里偶尔还能听见隐隐的咳嗽声。在咳嗽声里，我突然想起了以前看过的一本书，里面有一个趣侃医学史的桥段。说一开始人类是吃树根治病，后来吃树根被视为野蛮行为，然后人类又流行用祈祷来治病。再后来祈祷被视为迷信，人们通过喝饮料来治病。喝饮料之后是吃药片，吃药片之后是抗生素，抗生素导致细菌突变，然后就是四环素，四环素之后就是更强的抗生素，最后人类认输了，又回去吃树根去了。[1]

　　抗生素可以治愈绝大多数细菌感染，[2]但是在人类体内微生物的漫长演化过程中，我们和它们已经作为一个整体共同发育，它们参与了我们的代谢、免疫以及认知方面的发育过程。但目前，这些微生物遭受了来自抗生素滥用的挑战。国际人体微生物组研究领域的科学家马丁·布莱泽博士在他那本《消失的微生物》中提到，因为抗生素的滥用，导致人体内微生态的失衡，于是诱发了包括哮喘、肥胖、胃食管反流、青少年糖尿病和食物过敏等病症。[3]人类在科技进步中，不断陷入新的生存危机，我们可以利用科学技术与微生物一直战斗下去，但是我们的微生物学家已经站在人类命运共同体的位置考虑要与微生物和解，这种和解宣告抗生素的冬天到来了。我们需要从微生物学、免疫学和营养学的角度重新审视我们的日常。我国的微生态学奠基人魏曦院士曾经说过：继抗生素之后，人类将进入伟大的微生态时代。21世纪人类已进入抗生素后时代，抗生素之后的时代是什么？是活菌的时代，是益生菌时代，也就是生态制剂的时代，是生态食品的时代，也就是发酵食品的时代。

---

[1] 详见[美]安妮·马克苏拉克，《微观世界的博弈：细菌、文化与人类》，中国工信出版集团，第100页。
[2] 详见[美]马丁·布莱泽，《消失的微生物》，湖南科学技术出版社，第74页。
[3] 详见[美]马丁·布莱泽，《消失的微生物》，湖南科学技术出版社，第5页。

蒙古包

　　草原上，一个牧民家庭的传统食谱里早就已经离不开微生物了。首先是酸奶，他们是最先掌握酸奶制作技术的族群，制作酸奶在草原上，就像我们南方腌制酸菜一样，每个家庭妇女都能做。新鲜的酸奶，舀一勺糖放在里面搅拌一下，非常爽口。其次就是酥，奶脂凝固后的发酵物，雪域高原上的人们最先把酥放到茶汤里，用酥的细腻缓冲茶的粗涩感，协调之后成了一度流行于牧区的饮品。再次是奶酪，牧民将它称为奶豆腐，嚼起来香脆可口。最后就是内地过来的茯砖茶，牧区对于茯砖茶的喜爱，是从口感到体感几个方面的嗜瘾性依赖。茯砖茶里面的"金花菌"形成了独特的菌香，煮在奶茶里与青砖茶的风味有显著的区别，但对于风味的选择，和牧民生活习惯有关，这里无关茶的优劣，喜好毕竟是主观的选择。至此，草原牧民的餐桌上几乎囊括了卫生健康委员会办公厅

牧民用煮好的茶水冲奶皮子喝

公布的所有益生菌种类，同时还包括经过多次试验证明有益生菌效能的冠突散囊菌。

　　草原上的人身强体壮，与他们的饮食习惯有很大的关系。不过他们也是构成这个世界的一分子，在抗生素时代，谁都不能幸免。抗生素也曾治好了草原上的很多不治之症，但是抗生素的滥用也给草原制造了新的麻烦。和毡房里那个咳嗽的蒙古族小姑娘一样，很多年轻的母亲会感觉到自己孩子的小感冒是越来越难治了。有些幼儿，血管很细，医生只能从额头上扎针打点滴，每每面对这些场景，在心疼之余，我们也在反思，人类该如何面对这场与微生物的斗争。如此来看，可能我们每个小家庭都已经被卷入了这场斗争，哪怕是千里之外的草原，看似与世隔绝的地方，也很难逃脱我们共同的宿命。

早上起床，感觉小姑娘才刚刚熟睡，我们轻手轻脚的，怕吵醒她。走出毡房，朋友的姐姐已经煮好了奶茶，奶是新鲜的羊奶，茶是安化的茯砖茶。昨天晚上煮奶茶的茶叶渣倒在了马槽里，朋友说他们家的马儿喜欢吃奶茶渣，等我去马厩的时候，确实已经连渣都不剩了。牧民的生活充实而又单调，朋友的老父亲骑在马上准备赶着羊群进山了，他咕哝着蒙古语让朋友带我一起去，朋友也咕哝着蒙古语说要等姐姐家小孩醒来看还需不需要去拿点药。老父亲又咕哝了一阵，骑着马就走了。望着那个老父亲远去的背影，我问朋友："你父亲最后说的是什么？"他说："父亲嫌弃姐姐家小孩身体娇贵，我们姐妹七个从小在草原上，小的时候都不知道什么叫感冒。"

我站在毡房外，目送那位老父亲颠簸着远去的背影。朋友的姐姐从毡房里出来了，她把奶茶装进了奶茶桶，然后端着煮奶茶的锅朝马厩走去。她这又是要拿茶叶渣喂马了，于是我赶紧凑上去看，望着从锅里倒出来的茶叶渣，奶香与茶香四处飘散。那一刻我在想，也许有时候，我们真的对科技的理解出现了很大的偏差，就像生命科学家经过研究告诉我们长寿的方法，从饮食到作息，再到心态，感觉用了一大堆专业词汇在描述昆仑山下那些早已被遗忘的百岁老人的生活方式。我们对茯砖茶的认知又何尝不是呢？近年来，关于茯砖茶是传统自然发花好，还是用生物科技接种好的争论一直都在。争论双方一开口就形成了对立，确实从立场上来说，太容易落入科学和反科学、继承和开创等词汇制造的障眼法之中了。

自然发花肯定不用多说，那是一个母本意义的工艺，传统销区对于自然发花的产品追求金花越茂盛品质越佳，这个民间品质共识是基于自然发花的极限，它的密度抵达极限之后，没有其他异常情况一般不会突破那个菌种分布的密度和数量。接种派为了迎合市场上所谓金花越茂盛品质越佳的习惯，往往会通过人为干预让"金花菌"的总数和密度突破极限。在市场上不乏金花普洱茶之类的产品，打开之后一层"金花菌"铺在上面。与自然发花相比，也许它的冠突散囊菌纯度更高。但牧区百年以来品饮的茯砖茶并不是那种含有高纯度的冠突散囊菌的，茯砖茶的优势菌种确实是冠突散囊菌，但是牧区百年饮用经验是来自于茯砖茶内构成的微生态在发挥整体效用。这个微生态的整体效用已经被试验印证没有毒副作用，而且已经融入了牧区几代人的生活方式中，纯度更高的冠突散囊菌出现，会不会破坏原有微生态的平衡呢？在科学的盲区，人类历史性形成的经验依然是值得信任的。

从市场反应来看，大家对于"金花菌"的态度依然是非常理性的。很多人还是非常排斥接种的"金花菌"，哪怕那种方式的科技感更强。眼下在满大街都是科技产品的时代，消费者对原生态又产生了浓厚的兴趣。这种审美习惯，并不是大家对科技丧失了信任，而是更加相信漫长历史的选择，在经历了科学的佐证之后，恰恰就是我们最值得信任的。

我还在沉思，朋友叫我吃早餐了，他姐姐的两个女儿都已经醒来。牧区的早餐，奶茶、奶豆腐、羊肉馅饺子，简单营养。毡房里的这一家人原本就生活在活菌的时代、益生菌的时代、生态制剂的时代、生态食品的时代、满桌摆满发酵食品的时代。

第五章 · 风土与风格

安化砖茶墙

· 为了那棵茶树

　　茶山风土决定了茶叶的风味，但连接茶山内外，风是风，土是土。

　　风，是动态的；土，是静态的。制茶人用他那一双手将大地孕育的精华锻造出了一个多彩的风味人间。风，时常包罗万象。《诗经》中，先民吟唱的情绪里就有风，十五国风涵盖了一片土地上不同的人情世故，生活在那个年代的青年男女，用饱满的情绪给历史倾注了别样的风味。可见世间的风味是千变万化的，仅安化黑茶而言，同样一片叶子，基于不一样的时空观念，就可以给我们呈现不同风味的茶品。

　　我们习惯了将安化黑茶的产品分为"三尖""三砖""一花卷"。

　　"三尖"就是指天尖、贡尖和生尖。名字里就已经清晰地告诉了我们茶叶的样式和等级。尖，自然是在原料老嫩度的语境下用的最嫩那一截；"天""贡""生"分别对应着不同的品饮对象。后来，这些品饮对象因为象征着"封、资、修"，所以当时的"三尖"不得不改名为"湘尖"

系列。"三尖"不是紧压茶，但是也并不属于严格意义上的散茶。"三尖"也会经过汽蒸，然后填塞到竹篓里，形成一个蓬松的块状，插上茅草秆儿，让竹篓的中心也能接触到空气。干燥以后茶在竹篓中的风味发生了醇化，在干燥无异味的地方放置三到五年，茶叶的风味会变得非常甘醇。

　　"三砖"就是指茯砖、黑砖和花砖。茯砖茶因为"发花"工艺而让加工时间变得很长，在黑毛茶筑制成形以后，在烘房里通过"发花"工程师调控烘房的温度与湿度，慢慢等待茶砖长出"金花"孢子，然后再慢慢等待孢子渐渐长大，直到形成饱满的颗粒散布在茶砖之内。黑砖茶就是将黑毛茶压制成砖形，然后慢慢烘干，茶叶的内质会在温度与湿度的变化中发生转化。黑砖茶没有"金花菌"的参与，但是在干燥过程中也要小心翼翼，温度的高低和干燥的快慢都会影响黑砖茶的风味，好的黑砖茶在压制中会因为茶叶中的果胶等物质被压制到表面，因此形成平整、油亮的表面，凑近了你能感受到那一股悠悠的茶香。花砖茶的创制原本是为了替代千两茶,因此它用的是生产千两茶的原料,通过人为调控,

晾晒千两茶

晾晒千两茶

让它形成与千两茶相似的风味特征。其外观形制接近于黑砖茶，厂家为了区分，所以磨具上会刻下花边，压制成形的茶砖面都会留下非常醒目的花边。在"三砖"之中，从茶叶压制的紧密度而言，茯砖茶因为"发花"的需要，在茶砖内部要形成一个适宜微生物生长的环境，所以它的紧密度是最低的。黑砖茶和花砖茶的紧密度相对较高，因此可塑性强，在茶砖的表面可以留下清晰的文字和图案，因此近年来这两款茶受到了定制者的青睐。

"一花卷"就是指千两茶，市场上也有人将其称为"三卷"，因为千两茶在市场上最常见的就是三个不同分量的品种，包括千两、百两和十两，但除了净重不一样，其工艺相同，风味相近，所以就被统称为"一花卷"。花卷茶的形制独特，在中国茶中有较高的识别度，其制作工艺也被列为国家级非物质文化遗产。踩制千两茶需要多人协作，由于历史原因，尚存世的千两茶老茶比较稀有，因此也十分珍贵。目前市场上以20世纪50年代千两茶以及1983年千两茶最为珍稀。在进入千禧年以后，随着安化黑茶传统制作工艺的恢复和发展，2008年前后一些安化厂家生产的千两茶因为原料、工艺乃至时间的不可复制，也成为市场追捧的对象。

至此，安化黑茶的风味在空间与时间形成的体验网中构建了非常丰富的体验内容。这些风味的孕育都来自同一片土地，安化茶树在进入官方正史之前是一片认知空白，北宋熙宁年间开山置县的将领和官员在抵达这里的时候，山崖水畔就长满了茶树。只是我们不知道，千年前的那些树和我们今天所见究竟有什么差别。中国茶文化史上更多的笔墨是在记录有关茶的体验和评价，对于茶树的描述着墨不多。第一个用多视角来描述茶树的可能还是陆羽，当年他就凭借着自己深厚的博物学功底，给茶树做了一个简单的分类。《茶经》中写到两种类型的茶树，一种是巴山陕川之间有"两人合抱，伐而掇之"的茶树，另一种是人工培植于园、野之间的茶树。这两种茶树基本上可以与我们当下所谓的"荒野古树"与"人工选育"相对应。陆羽在描写"荒野古树"的时候，针对其树形、叶片、花朵、果实、蒂、根做了比较，这种方法接近于经典植物分类学

用竹篾装的"三尖茶"

高马二溪村生态茶园示范基地

的方法；其描写"人工选育"茶树的时候，强调了种植方法及选址特点对茶品质优劣的影响，这接近于现代园艺学的方法。从其后描述的"造"与"饮"中我们可以发现，历史上那些久负盛名的茶叶品类几乎完全都是以人工选育的"园野茶"为主。

人类为了更好地认知这个世界，发展出了一门专门进行分类的学问。18世纪，在新航路开辟的背景下，世界朝着全球化的方向发展。1753年，著名植物分类学家林奈发表的《植物种志》（*Species Plantarum*）从形态学的概念上完成了植物分类学的分类、鉴定和命名。在这本著作中，林奈将山茶分为两属两种，其中茶树学名为"Thea sinensis L"，意为"中国茶树"。那时候，纵然西方世界已经有了饮茶的习俗，但是对中国茶依然知之甚少。那时候产自中国的绿茶和红茶被欧洲人误以为

田庄乡腹地的茶叶

高马二溪村柳叶形茶叶

分别是由两种茶树的原料加工制作而成，所以林奈在其第二版《植物种志》中，将茶树分为两个品种：绿茶种（Thea Virids）和红茶种（Thea Bohea）。

18 世纪的植物学界，林奈是佼佼者。瑕疵与不完整是时代造成的认知局限，林奈的伟大之处就在于，连接世界的帆船才起锚不久，在他的植物学世界里，已经勾勒出了一张完整的版图。经典植物分类学的"经典"之处就在于其对后世的影响，其他学科的发展也在不断扩大植物分类学的解释维度。转眼三个世纪过去了，随着科学技术的发展，人类掌握了更多认知世界的工具，除了林奈首创的那些分类标准，现代科学技术中的分子技术乃至基因工程技术对于鉴定和认知植物性状提供了更多的依据。经典植物分类学与园艺学是两门学科，但是我们发现，植物分类学家在不懂茶叶产业，不懂茶叶社会伦理的背景下，仅仅依凭山茶属植物的性状分出来的类别与人类利用时的选择存在着一种难以解释的默契。那些经济附加值高的茶树都集中在茶 [Camellia sinensis（L.）Q. Kuntze] 与大叶种 [C.sinensis var.assamica（Master）Kitamura] 里面。科学与民间经验的共鸣已经不是第一次了，特别是在喝茶这件事上。

在茶种植物中，作为叶用植物的茶（Camellia sinensis），又因为叶形、环境适应性、茶叶品类的适制性，以及茶叶的风味特征等各种因素，被划分为若干个园艺学品种。分类学上的品种与园艺学上的品种很多时候会混合在一起，让大家分不清楚。茶作为叶用植物，园艺学家透过茶叶叶片将其分为大叶种和小叶种。说到大叶种，大家会首先想到云南的普洱茶种，在经典植物分类学上，云南普洱茶种作为茶种植物的变种，所以其拉丁文学名为 C.sinensis var.assamica，但是除了普洱茶种，在茶种植物里依然有大叶种存在，生长于安化山头的云台山大叶种就是其中之一。

叶片作为植物的营养器官，更多受制于土壤、肥料和气象，小环境

云台山大叶种

时常让茶叶在多代演化中发生变异。熙宁年间进入安化的文武官员可能没有留意生长于安化的茶树性状，他们进驻以后不久就开始设置博易场。根据后来的学者推测，博易场主要交换的物品就是山民手中的茶叶。那时候，整个茶叶产业学科都还是处于粗放阶段，大家更多的是用政治社会学的视角在看待这个战略物资。直到民国时期，1939年，当时国民党的资源调查学者前来安化，这一次做资源调查是为了掌握国统区的资源状况，为财税创造更多的源头。做农业资源调查，当然有农学家参与，他们发现了湖南安化山里的茶树，并且做了形态描述。其中的茶树叶片硕大，以椭圆形和柳叶形最为常见。彭先泽在安化调研的时候也提到过这两种叶形树种，80多年过去了，茶树和那一代人一样，被光阴提纯，穿越沧海桑田，在群体种系中，那两种最常见的椭圆形和柳叶形茶树被大家选育出来，成为如今生产安化黑茶产品的主要茶叶品种。它们一个是云台山大叶种，一个是褚叶齐。

在这两个品种里，云台山大叶种是声名在外，那是安化茶叶试验场里几代育种专家的心血结晶。在追求产量和效益的社会大背景下，从安化茶山选育出来的云台山大叶种是最早一批被认定为国家级茶树良种的茶叶品种。在安化境内扩繁力度很大，除了生产黑茶，还大规模加工过红茶和绿茶。

2019年春节前，一场大雪之后，我沿着安化山间小路径直走进了资水蛮山腹地的茶园。所见茶园，不管是新垦茶园，还是老茶园，茶树的植株都偏矮小。叶片呈条形，顶部很尖，整个植株感觉像是瑟缩在茶园里。安化山里几乎每年都会下几场雪，所以新垦茶园的茶树每年栽种下去以后经受的第一个考验就是冰雪天气。纵然气候很恶劣，但是茶树还是有一定的成活率。活下来的老茶树都很精神，叶片柔韧性很强，叶面形成一层保护膜。曾经，人类驯化了山里的野生茶树；如今，自然又再度以这种方式培植人类选育的茶树。

山上的茶树种都是良种，以褚叶齐为主，但真正活下来的茶树也许和山下的褚叶齐完全是两个概念了。在风土与风格的话语体系里，土壤、气候对于植物性状的改变依然在挑战人类的认知。山上的茶树长不大，年轮的增加非常缓慢，这让我联想起了太行山崖柏。生长了100年的主干也很细小，但截取一小段，那种由内而外持久释放的柏香令人惊艳。极端气候下的生命奇迹往往藏着令人惊艳的潜能。翻过山脊，大雪覆盖下，我看到了沿着山谷绵延到云雾缥缈处的茶园。我打开手机定位，记录下了这个村落的名字：安化县田庄乡高马二溪村。

走到茶园腹地，山谷的底部听得见藏在山里的溪流声，雪融化后落地溅石，或是拍打树叶，整个丛林里四面八方都是响声。老农提醒我，前面的山路去不了了。我们开始走茶园的另一条路返回。

· 薪火相传的味道

　　还记得第一次去安化的时候，参观一家历史悠久的老茶厂，位于厂区的那几幢文物厂房瞬间可以让你感受到安化黑茶厚重的历史感。不过当你真正想走进去的时候，并不那么自由。文物厂房仍然在正常使用，走进去几乎可以看到有关黑茶加工的核心工艺。厂区是允许游览的，但是得有熟人带，游览也只能走马观花地看看，有几处禁区，只允许远观，不允许细看和拍照。一处是茯砖烘房，一处是七星灶。

　　在传统安化黑茶的制作环节中，一直以来七星灶都充满了神秘感。中国人对"7"这个数字非常敏感。七星灶很容易让一些社会闲散文人将其与北斗七星，与道家讲的七七之数联系在一起。因此，在一些江湖说辞里，七星灶里藏着安化黑茶的乾坤世界。这种神秘营销的话术也可以赢得一些特定用户的关注，但毕竟不是主流。所以这些年，伴随着老一辈人的声音越来越少，这种提法也被慢慢遗忘了。

　　应该说，在安化黑茶发展的这些年里，七星灶几乎成了一种象征。有时候我们甄别传统与创新的具体差异就是看茶厂里有没有七星灶。有，在很多人眼里你就是传承；没有，那就会被视为异类。现在市场上也逐

七星灶的松柴明火

渐有相当规模的用户开始接受这种异类了，这倒不是我们的用户不讲原则，而是被誉为正宗传统工艺的七星灶生产的茶叶中残留着一股浓郁的烟熏味，让很多品饮者接受不了。

七星灶具有它自身的核心价值点，但也因为一些人的误读和技术掌控的不成熟，导致这一传统几乎成为反面作用的来源。

七星灶在整个制茶环节中最直接的作用就是烘干茶叶。在老辈安化人的口述里，祖辈们最初加工黑毛茶就是以家庭为单位的生产作坊，采制的鲜叶经过杀青、揉捻、渥堆之后，梅雨季只能借助外力来干燥茶叶。农户就借着自己日常使用的大柴火灶，支着锅，架上竹簟子，开始烧火加温，干燥茶叶了。随着茶叶采制量的增加，灶台也不断扩大，最终需要多户人家协作完成的毛茶作坊诞生了，七星灶就诞生于这样的毛茶作坊里。

诚然，先民们对于七星灶的使用，不过是为了升温以便加速茶叶水分的蒸发。假如仅仅是出于烘干的目的，当时的安化确实没得选。制茶的季节里，天公不作美，那时候也没有现在流行的烘干机。他们能够利用的就是漫山遍野烧不完的柴火。

安化地处山区，如今的森林覆盖面积都高达76.51%，在没有进入工业文明之前，山上的林木没有被大规模砍伐，覆盖率几乎超过了80%。安化的人口聚集地都在河滩、溪谷边的平地上。东坪、黄沙坪、江南坪，一个"坪"字概括了城市的原型。人们砍伐山上的木材，修房造屋，生火造饭，烘茶熏肉，烧炭取暖，一个不与外界连通的山区小世界，以薪火点燃了散落于林区里的万家灯火，世代之间，薪火相传。

那种柴火气不仅仅是一代人回味过去时意蕴缱绻的情绪，更像是一

七星灶上的茶叶

灶上的工人

个基因符号，植入很多人的记忆里。当柴火燃起，大家就不自觉地想起了炊烟，念起了家。所以，虽然我们早已搬入城市群居，电、天然气取代了柴火，空调、取暖器取代了薪炭，冷藏冰柜及现代物资供应体系可以让我们有吃不完的新鲜食材，但那种沾染着柴火气的食物，已经不再是为了延长食物保质期而让人被迫去接受了，它已经演变成了一种风味和嗜好。即便食物营养学家说烟熏腊肉里有致癌物质，但依然阻挡不了大家对这种风味食品的追逐。

腊肉的烟熏味、威士忌的烟熏味、茶的烟熏味，不管东方还是西方，大家都以一种很特殊的方式在记忆里留存着薪火相传的味觉记忆。所以当电能和天然气升温加热的功能更加便利之时，大家对那种薪火之味依然念念不忘。七星灶于安化黑茶而言，就是可以让我们透过一盏茶汤，与那股薪火之味邂逅，那种薪火之味可以与记忆中遗忘已久的感觉相碰

风雪中的七星灶

撞、相呼应。

　　所以，七星灶的真正意义已经不再仅仅是发挥干燥茶叶的作用。当带着湿气的毛茶上灶之后，柴火的温度从下往上传递，水分向上蒸发。老茶厂的茶工告诉我，一般七星灶会分批次上好几层湿毛茶，当底下那层毛茶干至六七分以后，就会在上面再铺一层，以此类推，视茶的多少而定，最多可以铺到十多层。这先后铺上去的十多层茶叶，在竹簟上让水蒸发，温度和湿度促成茶叶内含物质发生各种变化。呈味物质也在这个过程中进行了重组，传统七星灶风味，就这样形成了。

　　所以，用七星灶并不是故意让茶叶在灶上沾染一些烟味，而是要给湿毛茶搭建一个转化环境，促成传统黑茶独特风味的形成。在安化，还是有相当一部分制茶人已经意识到了七星灶的深刻意涵，所以他们在埋头做茶的时候，已经不再讨论上不上灶的问题。用电饭煲还是柴火做饭，往往还是要根据由谁来吃做决定。如今有些电饭煲就在刻意模仿柴火饭的烹煮环境，虽然还是缺少一层烟火气，但我们看到了科技正在延伸对消费者服务的维度，越来越细腻，从简

雪中七星灶

单的解决温饱问题到开始关注我们的体验情绪了。

所以，七星灶看似是一个正在争论的问题，但这个争论也许本来就是不存在的。强调上灶的人，不一定就是在坚守传统；不强调上灶的人，不一定就是工艺大反叛。我们围绕这个大灶台进行争论时，有人已经开始从茶的风味入手，真正将注意力放回那一盏茶汤上，消费者喝的是茶，而不是灶。

又是好几年过去了，这家老茶厂的厂区已经变成了一个3A级景区，但七星灶那个位置还是不允许拍照。此行安化，我联系了厂里的相关领导，我就是冲着七星灶去的。所以在特别允许下，我带着设备抵达那个老厂房。恰好遇到一个大雪天，工厂的工人依然在灶台上忙碌，我让陪同我去的经理不要打扰他们，我们站在风雪里，红墙黑瓦，后门的一束自然光让灶台以及灶台旁忙碌的工人形成一个美丽的剪影。画面里，大雪纷飞，与温暖的茶烟交相辉映。冷暖之美，水火相容，若说是七星灶里蕴藏着乾坤，那一刻，我觉得这个形容还真不是那么出格。

我近距离参观了七星灶。老灶台，被过往打磨得油润黑亮。灶台拔地半人高，烧柴火的入薪口与茶叶操作台隔离，下到地面一人深的地方。在灶台下专门有两个工人负责烧柴火。灶孔很大，柴火在灶里熊熊燃烧。有些书上说，黑茶七星灶需要用松柴明火，安化不缺柴火，但要专门寻觅松柴也是颇费周折的。所以，事实上，七星灶烧的柴火只要无异味就行了。

柴火将灶孔烧得透亮，六块红砖相间形成七个孔，火力温度从这七个孔输送至摊着茶叶的簟席。湿毛茶上灶，水蒸气瞬间从灶台上升腾起来。茶，开始在水与火的环境里悄然转化。曾经跑过码头的老辈人回忆，早年间资江上用船运输黑毛茶，满舱茶叶起航以后，一路上都能闻到这种独特的黑茶香。如果老辈人的记忆属实，那一路上，不知道这种香究竟迷醉了多少人，也不知道究竟有多少人是寻香而来，在这里因茶际遇，守望着那一脉薪火相传的味道。

高马二溪村的林中茶园

· 唤醒高马二溪

安化黑茶的核心产区在哪？

和中国所有强调茶叶核心产区时所用的词汇一样，茶场的位置，是大自然的赐予，也是历史的选择。

如果说安化黑茶的核心产区在高马二溪，这个提法很绝对，没有在这个区域的人肯定会反驳，所以但凡一个区域在强调核心产区的时候会加上"之一"这个词来做一些协调。这个"之一"会给你留下很多想象空间，你会顺着这个语法去想象"之二""之三"。只要你这么想了，一旁的好事者自然就不会让你失望，他会在地图上给你指出"之二"和"之三"的答案。只是答案一出，与之前的"之一"一对比，你就会明白，核心之所以堪称核心，不管我们如何以高情商的方式去调剂可能挑起的不同意见，但是在每个人心里都明白这个核心的要义。

核心是每个人心里最真实的选择，在没有任何想要达成的目的驱动时，在不需要客套和强调自己的主观意图时，自己会情不自禁地表述或是拿出来的东西。在资深茶客这个圈子里，茶桌上的品饮充满着微妙的对白，宾主之间，语言上的所有胜负都只是开汤的前奏，几泡茶汤下去，语言的争论已经不重要了，好与坏大家心知肚明。所以，核心产区往往意味着已经付出了非常惨痛的时间代价。就像是网络段子里说过的，为什么同样是石料，佛祖被众人朝拜，石梯却要人人踩踏呢？因为佛祖经历了千锤百凿。核心产区也是一样，是在一个相当漫长的时期内，于千杯万盏之间锤炼出来的味觉共识。

对于地大物博的中国而言，历史为我们积淀了丰厚的核心资源，但是我们依然担心因为自己的疏忽而漏掉了某个核心产区。所以我们一直在归纳那些核心产区的内在逻辑，好茶需要一些什么好的前提。陆羽《茶经》为我们做茶叶品鉴提供了丰富的词汇，他心中有自己认定的茶叶品级标准，这个品级标准对于后世影响很大，也正因为他提出了这样一个品级标准，所以即便《茶经》中收录的茶并没有完整地涵盖我们如今流行的所有产区，但我们只需要把这个产区的一些特点放在他的标准里审视一下，品级秩序往往一目了然。

陆羽的茶叶品级				
内容	上	中（次）	下	篇章
茶产地	生烂石	生砾壤	生黄土	一之源
茶种植	野	园		一之源
茶色	紫	绿		一之源
茶形态	笋	芽		一之源
叶形	卷	舒		一之源

注：整理自《茶经》。

　　湖南安化于北宋熙宁年间建县，在陆羽生活的时代，史料中关于安化方向的茶叶记载只有渠江薄片一类。那时候流行团茶，渠江薄片也是紧压茶，史料中说它"其色如铁"，因此断定其与顾渚紫笋之类的团茶还是有本质区别，于是很多茶商将其追溯为黑茶之源。当然，这些信息由于年代久远很难给出确切答案。不过安化黑茶确实也有属于自己的品级秩序，彭先泽在他的著作《安化黑茶》里面提到过。

彭先泽的安化黑茶品级			
内容	上	中	下
海拔	高山	平地	
茎叶	嫩白梗	花白梗	红梗
水色	枣红	桃红	带桃红
炒叶	白色	花白色	红色
干燥	文火焙干	先晒后焙	太阳晒
时节	立夏后	小暑后	立秋后

注：整理自彭先泽《安化黑茶》。

高山上绽放的茶花

语法结构和陆羽的很相近，陆羽阐述过的，彭先泽就没有再做过多的叙述。他默认了陆羽制定的品级标准，并且在陆羽的基础上做了一些延伸阐述。可能也正是因为这个原因，所以彭先泽被誉为"安化黑茶理论之父"，虽然他对安化黑茶产业的贡献不仅仅是理论建设。

安化黑茶的核心产区基本上也是从沉寂在彭先泽的理论著作中重新被唤醒的，将安化的山水重新用茶的逻辑再摩挲一遍，村、坳、洞、溪、坪……这些人迹罕至的地方因为茶被人们重新瞩目、重新抵达。

在安化黑茶所有已经被称为核心产区的地方，我去得最多的应该还是高马二溪。也就是彭先泽列举的高山茶所在地。

高马二溪的山地多碎石，多砾壤，踩上去吱吱作响。每年秋季，茶农会把茶园里的野草割了放在茶树下面当作肥料，雪融化的空隙里，可以见到茶树生长的土壤。山上的茶树根扎得很深，虽然我并没有刻意挖一棵出来印证，但是在坡度较陡的路段，我跟跟跄跄之际随手抓住一棵矮小的茶树，居然能够承受住我的体重，让我从陡坡下拽着它爬上来。

高马二溪这个地方，因为茶而声名在外，也因为茶的原因，让它突破了具体的行政区划。有些基于地理物候的产品区域，往往是处于有边无界的认知状态。我们无法通过具体的经纬度来框定高马二溪的确切范围，但知道这片区域大致就在那里。即便是靠近这个区域的茶其实也并不逊色，但就是因为靠近而又不在范围之内，所以时常处于一种尴尬的境地。这种尴尬源于自我特征在这个大 IP 面前的褪色，但只要一喝，大家都会非常遗憾地慨叹，怎么它就不算在那个区域内呢。

陈椽《制茶学》中在谈及千两茶制作时提及"采用高、马二溪（高家溪、马家溪）的优质黑茶，精工细制，品质优异，最盛时期年产 3 万多吨"。也正因为如此，高马二溪千两茶备受追捧。连续十多年下来，早年间高马二溪千两茶更是成了资深茶客满足口腹之欲的珍品，也是私人珍藏的宝贝。高马二溪村是 2007 年开始集资建厂，很多人会将其发展起点视

高马二溪村里的高家溪

生长在碎石中的茶树

安化特有的一种岩石——冰碛岩

为 2008 年，但事实上 2007 年村里的工厂就已经开始生产茶叶了。那一年的百两茶存世量很少，也几乎被很多人遗忘了，其用料粗老，压制蓬松，自然陈化效果很好。因为耐泡度高，煨煮后茶叶释放的内质和体验感让人震撼。其次就是大家耳熟能详的 2008 年千两茶。一支千两茶净重 36 千克左右，十年前这支茶的零售价可能也就两千元出头，十年后同款新茶售价已经逼近两万元，当年那支老茶我所知道的成交价就有二十万元的，预估和虚报价格会更惊悚。十年里，创造十倍百倍的增长，当年那些拍着胸脯保证升值的农民好像并没有欺骗我们，但是这个数据和市场效力可能是很难复制了。增长依然在，只是在供需之间慢慢回落。茶始终是拿来喝的，当我们放下那些财富的考量，重新回到茶桌上，那一支千两茶给我们带来的体验感依然是十分美妙的。

高山雪地上的茶树

安化花卷茶（千两茶）

　　千两茶的诞生，最初确实是为了运输的便利。安化黑茶伴随着那些
跋涉西北的步伐，注定了会被沾染上大西北汉子的粗犷与豪迈，于是安
然地做了《茶经》的叛道者。"阳崖阴林，紫者上，绿者次；笋者上，
芽者次；叶卷上，叶舒次"，千两茶不停留于芽叶间的小情调，用千两
万两的厚重躯体承载着另一个梦。"茶之为用，味至寒，为饮最宜。"
千两茶，在它的厚重躯体之下用时光温暖了"权威"给茶下的冰冷结论。
于是，无论是在寒天雪地的冰封边塞，还是在 200 年前那个无所事事的
冬天，千两茶以自身的温暖气息，激发了无数人在漫漫冬日煮茶御寒。

　　千两茶的那种温暖体验在很多人看来，应该来自工艺的淬炼。杀青、
揉捻、渥堆、复揉，最后上七星灶烘焙方可制成黑毛茶。黑毛茶是制作
千两茶的原料，在制作千两茶的时候会采用去年的黑毛茶，经过筛分、

铁壶煮茶

1983 年千两茶

软化，最后装入内衬棕丝片、蓼叶的篾篓中紧压成型。最后再日晒夜露七七四十九日，方可视为做成了一支千两茶新茶。一支新茶，其叶已经离开茶树两年，历经了水与火的历练，为后面漫长岁月的陈化做足了准备工作。

绿茶，我们常常通过工艺让它保留住自己本源的芬芳，在适当的时机集中释放。绿茶的香气，可以煽动鼻翼，浸润肺腑，让身心步入一种轻快明媚的春色中。千两茶常常用工艺为它后面的某种未知可能打好基础。时光后面潜藏着太多的未知，种种复杂的手法，不过是为了历练其愈久弥香的秉性。

千两茶在重新进入市场之初，倾听茶客的点评是一种享受。他们用审评茶叶的那些词汇来描述自己饮茶后的感受，这一切，千两茶都静静地聆听着。千两茶，对于陌生人的所有评价它都会欣然接受。毕竟历史的回音太少，能挖掘的歌颂文本也非常匮乏，这种匮乏让千两茶很自然地形成了一个文化洼地，在它越来越被世人认可的时候，利

2008 年千两茶

益的推手瞬间便围绕其周围，形成了连篇累牍的态势。幸好千两茶的秉性早已修炼成形，未曾被蒙世的浮华遮住了视线。那一盏茶汤，总能带着"欲辨已忘言"的超然向世人展示它的高贵。它不是保健品，不是药，也不仅仅是简单解渴的饮料，它是一味茶，一味陆羽无缘一见的茶，一味让《大观茶论》也略显疏漏的茶。

在中国的文化长河中，对茶的歌颂向来还是比较多的。很多当代学者都提出，那些文字无法指导我们的种茶者和制茶者。因此很多历史名茶会一代代失传，又一代代沿袭典籍去再造、去恢复。回顾起来，当真很少有一款茶能够将名字与工艺同步传承数百年。千两茶，算是其中的佼佼者，而陈茶更佳的属性注定了它会去守候一代人的味觉记忆。

对于喝茶稍稍讲究的现代人喜欢用潮汕工夫茶的冲泡技艺去冲泡千两茶。追求简单便捷的现代人也喜欢选择飘逸杯去品饮千两茶。面对千两茶，缺失了历史的借鉴与指点，于是，才有了茶桌上茶艺师率性的设想与大胆的尝试。

在很多时候，杯盏似足以展示千两茶的风貌。来自高马二溪的纯料千两茶，前几泡汤色浑浊醇厚，在玻璃杯中透出琥珀光泽。很多茶客在品饮之后反应，千两茶的一个最大特征就是回甜。应该说千两茶的味蕾妙笔并不是回甜就能概括。在感悟真正好的千两茶茶气的时候，"甜"还是显得太过肤浅。我认为千两茶的上上体验应该是对那一脉"茶韵"的体验。一个"韵"字，很多时候会让事物变得神秘而有距离感。"千两茶韵"应该是一种最有亲和力的"茶韵"。其种种气韵的流露便直接与万里茶路有关。一路风雨未测，于是在篾篓中会用棕叶与蓼叶编织一件天然的雨衣。长条柱形，千两一支，横跨马背，一支茶踩出了一道人文景观。这一切都显得非常自然，没有文人无端的臆造。这种质朴本色要求我们在与它对话的时候不应该做作。

所以冲泡千两茶的动作一定要干净利落，出汤收纵有度，这样才会彰显出千两茶的劲力。但这还不是品饮千两茶的最佳体验。

千两茶内蕴丰富，需要用时间慢慢煨煮，最佳的状态是用一盏小酒精灯架着铸铁壶或是小银壶，豆大的火焰，慢慢地煨着，让上浮的茶气随着茶烟飘散，独留茶中的醇厚在壶中翻腾转化。用酒精灯煨煮，避免了炭薪的腐木劳薪之气。每一注焰热，都像是对千两茶的温柔试探，反复试探三个小时。于是，千两茶毫无保留地将自己的所有倾泻在了壶中的茶汤之内。清浊之气，反复翻腾，揭盖之后，满屋芬芳。

最美妙的是品饮之际，围炉数人，苦盼久等，最终也只能啜一小口。因为少而不得不神情庄重，很自觉地会在品饮之前深呼吸以清掉浊气，用纯净水先漱漱口。红得浓酽的茶汤，一入口，很温柔地轻触味蕾，柔滑地经过咽喉。腹中流过一股暖流，唇齿间甘香回绕，经久不息。

体验千两茶就得遵妙玉所言："一杯为品，二杯为饮，三杯便是喂驴的蠢物。"一杯茶酝酿颇要花费些时日，二杯茶已属不易，三杯茶当真有点浪费了。当然，假如有福气，可以觍着脸学贾宝玉吃掉一大海。茶汤入腹，茶气入肺，肺腑中瞬间有种去浊扬清的感觉。茶汤，能在肠胃间肃清污垢，很快便能体会到身心的轻盈。

煮茶，历时很久，是煮茶更是"煮心"。任你滚沸翻腾，醇和绵柔的茶香在慢慢溢出。安化黑茶的核心产区，传说中的高马二溪，也就是在这种时间的淬炼里，慢慢被唤醒！

· 万里茶路出发的前夜

　　准备出发了，我把出发地选择在了四川绵阳。一则是因为我自己是四川人，从家里出发方便。二则是从这里出发有某种深刻的隐喻。众所周知，四川人需要出川才能有作为。例如李白、陈子昂、苏东坡，乃至我们的诸多革命先烈。除此之外，还带着一种纪念情绪，纪念 2000 年前那些无名的四川人的行者。在张骞"凿空"西域时，于大夏见到了蜀布、邛竹杖。四川人抵达西域的时间比我们想象得要早。

　　秦岭是我国地理上的南北分界线，从某种意义上来看，也是四川人命运的分界线。过了秦岭，长安就在眼前，不敢说今后的仕途平步青云，但大多数人也算是没有枉过此生。李白说"蜀道难"，其实难就难在那种敢于跨越的勇气。

　　小时候，特别喜欢听出川的故事，"蚕丛鱼凫""明修栈道""六出祁山"，故事往往也能反映很多真实的情况，秦岭以外的世界对四川人很重要，同时天府之国对于外面的人也同样重要。新中国成立后不久就开始修建"宝成铁路"，四川西北几代人都在围绕"天堑变通途"耗尽一生。那时候，要跨越一个障碍很难，但也都大胆地跨出去了。

我早就想越过秦岭去看一看了，长安的那一片月光，贺兰山下的风嘶马啸，封狼居胥，古西域风化的城墙，边塞诗里的胡琴琵琶与羌笛，玄奘默诵心经的绝境，嘉峪关、玉门关、雁门关。汉唐胡风里仿佛还能听到敕勒川的牧歌。

那条路很古老，拥有很多时间与空间的故事。我感觉有很多人在路上等我，有的将从历史场景里走出来与我相见，有的还依然健在，可以重启记忆向我娓娓道来。千年古道上，行者不绝如缕。求佛法的僧人、互市的商人、守边的兵士、左迁的诗人、援助新疆的干部、守望敦煌的艺术家、驻扎戈壁的科研人员……他们用脚步丈量大地，把生命融入了整个民族的历史厚度里。

我等不了了，急需启程，去探寻他们一路留下的痕迹。从秦岭出去，那条古道在我心中默念了很多遍，那是一条由行者精神铺就的古道，我急需把自己放置到与他们同频的命运轨迹上去走一遭。

我将越过秦岭，到《封氏闻见记》里"大驱名马市茶而归"的地方去看一看。大唐西市，1000 年前，我们通过这个端口连接世界。法门市碾碎的茶叶在松声里细细煮沸，大雁塔译经的油灯昼夜不熄，诗人在酒肆里梦游。远方，青海长云处，黄沙百战的将军，醉卧在夜光杯里……我们将重新以这里为起点，去秦都咸阳，到孕育"金花"的泾河边。然后出泾阳，沿着贺兰山去往西夏王陵。

两宋茶事除了是中原士大夫的玩乐，茶马互市几乎已经上升到了关乎帝国命运的高度。两宋经济繁华，但被包裹在辽、金、西夏、吐蕃、大理政权之间，生存空间被限缩。"茶马法"的施行与探索开始为和议之后的和平对峙开创新的方式。出宁夏，去往兰州，边茶的又一个重要集散地。乾隆二十九年，陕甘总督衙门移至兰州，节制三秦，怀柔西域，兰州府库中的边茶已然成了治边的重要工具。从兰州出去，过武威、张掖抵达嘉峪关。在嘉峪关和玉门关之间的敦煌，斯坦因和王道士的故事

216

已经远去，常书鸿、段文杰、樊锦诗为艺术驻守在沙漠戈壁的深处，那里的水盐碱化，初到莫高窟的新人难以入口，于是他们只能将销往西北的砖茶煮了喝。敦煌的召唤，在茶的陪伴下，完成了一个个行者有关艺术的驻守。

"春风不度玉门关"，放玄奘西行的军官也许是无意为之，但他在这无意之间开创了历史。从瓜州出去，就是一段奇幻之旅了。经哈密到吐鲁番，高昌国王曾经盛情迎接这位佛家弟子。再往西，就抵达了天山脚下。"湖湘子弟满天山""八千湘女上天山"，那是让远方最为牵挂的地方。资水蛮山的那一片叶子，历经长途跋涉，就是为了抵达这里。冰山上的融雪，煮起雪峰山上的茶叶，沙漠的余晖里，楼兰旧梦在夜里醒来。

从天山下东归，蒙古包里的奶茶已经煮沸，旅蒙商北去的路上，成吉思汗的后人等候已久。我们沿着蒙古王公朝觐的路线，前往承德。木兰秋狝，君主的赏赐与活佛的布施，在一场场有关茶的仪式里巩固了帝国秩序。

其实在我心里，万里茶路不是学术概念，也不是文化遗产，那是一次以茶为纽带的长途跋涉，连接着地理空间，穿透民族界限，让社会各阶层的人找到了一个恰如其分的契机坐在一起，消弭了文明初始的戾气，在行者的无数次跨越与试探之后，大家明白了彼此的初心与共识，可以用彼此都很愉悦的方式去解决问题。

所以，这次远行，我不想将其定位成考察，褪掉学术的色彩，重新用一个行者的视角走进那些有血有肉的历史现场。去摩挲茶马互市的遗址，去观摩西域与草原的茶生活面貌，去重新理解我们这样一个历史悠久并且具有超大规模的国家是如何融合在一碗茶汤里的。

· 尾 声

我有一场前世未醒的梦

沉浸在远方吹来的风里

5000 年太短

涿鹿一别

我们隔着阴山

隔着祁连

昆仑的融雪滋养着我们

西去的绿洲

东流的江河

长安的夜很静

枕着草原牧歌

在金戈铁马的伴奏里

我们用血 染尽山河

玉门关　嘉峪关

雁门关　山海关

长城内外

赶马的汉子东来

驮着茶叶西去

从北魏到大唐

巍巍历史坐标上

胡琴琵琶与羌笛

激昂着古琴的内敛

与丝竹的忧伤

我早就想去那里看看

去戈壁滩

去敕勒川

在苏武守望的那片草原

在张骞绝望的那片荒滩

在玄奘凝望的那个夜晚

在乐尊仰望的那座沙山

释迦牟尼回头处

粟特商人的家眷

还在殷切地打听着洛阳的消息

京城发配的高官

又站在城楼上对着晚风饮酒清唱

唐宋元明清

宿醉在一首首边塞诗里

风沙　明月　一千年前的黑云

在我们的牵挂里
日复日 年复年

我终于就要见到你了
等了一年又一年
望了一山又一山
准备出发
全程 20188.31 公里
途经你的记忆
我的梦里
和传说中的那些山河流年

· 后 记

今年春节前的一天，几个朋友在安化一家茶舍喝茶，漠如也在。闲聊时他提到他正在写一本关于安化黑茶的书。为此，他蛰居安化，行走于山头田野，不舍昼夜。之后，这个年轻人又提出，写安化只谈安化是不完整的，安化黑茶传统销区也是安化黑茶文化叙事背景不可或缺的一部分。

他说干就干，清明时节，开启了"重走万里茶路"的考察行动。连续奋战 66 天，跨越 10 个省份，从河西走廊到新疆，再从新疆返回内蒙古大草原。这期间，他坚持在自己的自媒体上日更考察笔记，屡出佳作。在安化县域朋友圈内，前后掀起了多次小高潮。我时常与安化的同道友人说："漠如是安化人民的朋友，更是安化茶人的朋友！安化黑茶为有漠如这样的诤友而骄傲！"他笃于内行，博涉群书，足迹半天下。没有人觉得这个评价夸张。

《安化黑茶：一部在水与火之间沸腾的中国故事》，书名一亮出，我就一直在操心：要不换个名字试试？左思右想，没有更优的方案。全书以叙事的方式，全景式呈现安化黑茶的本来面貌，梳理时空的发展脉络。面对纷繁的安化黑茶史料，结合田野见闻，实事求是，新见迭出，显示了漠如超越常人的领悟力。尤其是他所做的大量踏实的基于底层的田野考察，堪称近年来黑茶文化研究领域最有意义的事。如果理解无误，漠如是以安化黑茶为载体展开中国故事。在一定程度上，本书的确做到了。比如，书中记录的200多年前帝国精英的那一场茶会，信息量大，可读性很强。1814年到1815年之交，安化人陶澍组织的"消寒诗社"，站在了帝国的宏观视角上，谈人，谈茶，谈功效与功勋，谈"人茶一味"里所隐喻的山河国运！

出生在四川的漠如，为人低调，做事踏实，知行合一。他热爱湖湘文化，博览群书，同时具备敏锐的观察力，坚决的行动力和实事求是、不随波逐流的独立精神。我愿意相信，漠如是湖湘学派"经世致用"思想在当代安化茶界的践行者。

叔本华说："每个人都被幽禁在自己的意识里。"要了解当代安化茶人怎么打破束缚，可以多看几遍漠如的书，品读他的文章。但是，叔本华也说："人们最终所真正能够理解和欣赏的事物，只不过是一些在本质上和他自身相同的事物罢了。"

行者无疆，安化黑茶的故事才刚刚开始。愿与漠如共勉！

安化县委常委、副县长　陈灿平

2019.7.30